配电网管理系列丛书

配电网工程建设管理

The Construction Management of Distribution Network Engineering

编 委 会

编　　著：何惠清　韩　坚　彭　奕

主　　任：刘　松

副 主 任：何建东　陈驭坤

委　　员：漆　玮　江　海　肖　纯

黄　华　郑琼玲　黎　涛

彭　翔　熊朋成

江苏大学出版社
JIANGSU UNIVERSITY PRESS

镇　江

图书在版编目(CIP)数据

配电网工程建设管理 / 何惠清，韩坚，彭奕编著
. — 镇江 ：江苏大学出版社，2020.6
ISBN 978-7-5684-1365-7

Ⅰ. ①配… Ⅱ. ①何… ②韩… ③彭… Ⅲ. ①配电系统－电力工程－工程管理 Ⅳ. ①TM727

中国版本图书馆 CIP 数据核字(2020)第 074699 号

配电网工程建设管理
Peidianwang Gongcheng Jianshe Guanli

编　　著/何惠清　韩　坚　彭　奕
责任编辑/李经晶
出版发行/江苏大学出版社
地　　址/江苏省镇江市梦溪园巷 30 号(邮编：212003)
电　　话/0511-84446464(传真)
网　　址/http://press.ujs.edu.cn
排　　版/镇江市江东印刷有限责任公司
印　　刷/镇江市江东印刷有限责任公司
开　　本/787 mm×1 092 mm　1/16
印　　张/10.25
字　　数/249 千字
版　　次/2020 年 6 月第 1 版　2020 年 6 月第 1 次印刷
书　　号/ISBN 978-7-5684-1365-7
定　　价/52.00 元

前　言

配电网是国民经济和社会发展的重要公共基础设施。建设城乡统筹、安全可靠、经济高效、技术先进、环境友好的配电网设施和服务体系，既能够保障民生、拉动投资，又能够带动制造业水平提升，为适应能源互联、推动社会经济发展提供有力支撑，对于稳增长、促改革、调结构、惠民生具有重要意义。目前，国家加大对配电网的改造和建设的投资力度，无疑给电力公司带来很大的压力，为了增强配电网投资的准确性与安全性、可靠性，为了更好地满足需求，应积极推进配电网建设标准化，强化工程管理。

在新电力工程改造的背景下，本书针对配电网工程项目杂、数量多、工程地点分散等特点，以全过程管理的理念，从配电网工程前期管理至配电网工程项目后评价的各环节进行了详细的阐述，与配电网工程建设需要相结合、与施工现场管理相结合。

本书分为配电网工程建设管理基础知识、配电网工程前期管理、配电网工程建设管理、配电网工程评优与评估四个篇章，共15章，内容涵盖实施背景、配电网工程建设管理的内涵、配电网工程组织管理、配电网工程规划管理、配电网工程可研设计管理、配电网工程前期工作管理、配电网工程造价管理、配电网工程进度管理、配电网工程质量管理、配电网工程安全管理、配电网工程合同管理、配电网工程物资管理、配电网工程信息管理、配电网工程评优评估、配电网工程后评价。

特别感谢电靓萍乡创新工作室的大力支持与帮助；书中融入了编者从业经验和个人之见，难免有不妥之处，恳请广大读者提出宝贵意见，以便进一步修改完善。

前言

目 录
Contents

第一篇 配电网工程建设管理基础知识

第二篇 配电网工程前期管理

第一篇

配电网工程建设管理基础知识

第 1 章

实施背景

1.1　配电网定义及配电网建设简述

1.1.1　配电网定义

配电网即合理控制电网并有效分配电能，从而达到输送电能的目的。随着科技的发展，我国配电网技术不断进步。根据电压等级，我国配电网主要分为高压配电网、中压配电网、低压配电网三类，超过 220 kV 的为高压配电网，6 ~ 20 kV 的为中压配电网，220 ~ 380 V 的为低压配电网。低压配电网主要用于日常生活供电；高压配电网主要用于大型电站电能的传输分配，保证各地区的供电稳定。不同的电网有其特有的功能，它们互相配合，为供电网的稳定提供了保障。中低压配电网直接面向终端用户，与广大人民群众的生产生活息息相关，是服务民生的重要公共基础设施，对实现全面建成小康社会宏伟目标、促进“新常态”下经济社会发展具有重要的支撑保障作用。

1.1.2　配电网建设

为加快推进配电网建设改造，稳增长、促改革、调结构、惠民生，国家发展改革委、国家能源局于 2015 年先后印发了《关于加快配电网建设改造的指导意见》（发改能源〔2015〕1899 号）和《配电网建设改造行动计划（2015—2020 年）》（国能电力〔2015〕290 号），组织动员和部署实施配电网建设改造行动。通过近几年的努力，配电网建设改造工作形成了“政府支持引导、机构社团参与、企业踊跃响应”的良好局面，取得了阶段性成果，为电力行业“十三五”发展取得了良好成果。

1.1.2.1　配电网建设重要意义

实施配电网建设改造行动计划，既是“稳增长、防风险”的重要举措，又是推进新型城镇化的重要动力与保障，还是推动能源技术革命、带动产业升级、实现创新发展的战略选择，将为我国全面建成小康社会奠定坚实的基础。

（1）配电网建设改造是推动全民消费升级的重要动力。习近平总书记提出我国能源发展“四个革命，一个合作”的战略思想，配电网建设改造是电力供给侧结构改革的前提条件，也是电力消费革命的前提和基础。当前，随着新型城镇化建设的推进，对配电网特别是城镇配电网供电能力和供电可靠性提出了更高要求，实现可靠供电、优质服务、提升居民的电气化水平已成为新时期电力供应部门的责任。

（2）配电网建设改造是稳增长、促发展的重要举措。当前，国际经济形势还处于深度调整期，经济增长仍需要增加国内投资和拉动消费增长。配电网建设改造能够在促进城乡消费提速升级的同时，扩大合理有效投资，由于约70%的投资用于购买电力设备和材料，还可以带动上下游产业发展和生产销售增长，对促进经济稳定增长具有重要意义。

（3）配电网建设改造是能源结构转型的重要步骤。2016年11月，国家能源局正式发布电力发展“十三五”规划，其中，电力行业绿色低碳发展理念贯穿规划，以调整优化、转型升级能源结构为主线，推动相关工作的开展。电力工业供给侧改革，客观上要求改善供应方式，提高供给效率。要推进电网结构优化，增强系统运行的灵活性和智能化水平；要促进可再生能源消纳，满足分布式电源接入要求；加强电力需求侧管理，促进电动汽车等电能替代的新的电力消费。因此，建设高效智能的现代配电网已成为必然的选择。

1.1.2.2 配电网建设的特点

（1）配电网建设工程与普通的建设工程不同，该工程建设周期较短。配电网建设工程的多数建设环境是市区（城镇），因此常会受到市政管理等因素的影响和制约，导致工程建设环境复杂多样，很大程度上加剧了施工的难度，也制约了工程管理工作的有效开展。同时，配电网建设工程停电计划落实效率较低。通常，配电网建设工程投运时，往往会涉及地区停电。但是现阶段，人们对于供电的要求较高，使得配电网建设工程投运还需要配合日常的运行检修，以合理避免重复停电问题。

（2）配电网工程项目杂、数量多、工程地点分散。配电网单个工程项目建设规模较小、投资额度小，设计、施工工艺十分成熟，对设计单位、施工单位资质要求相对不高，施工一般由本地队伍承担。工程项目实行年度计划管理，由地市或县供电公司统一组织实施，一般不需要逐个项目核准。配电网工程项目所涉设备较为定型、材料较为通用，普遍实行集中招标、集中采购、物资统一配送制度；专业人员数量少，专业界限不明显，工作量大，往往一人承担多项专业工作。

1.2 配电网建设面临的问题及发展前景

经过1998年以来三轮大的农村电网升级改造，现代配电网络设施与服务体系的框架基本形成。特别是自2015年国家发展改革委、国家能源局相继发布《关于加快配电网建设改造的指导意见》和《配电网建设改造行动计划（2015—2020年）》以来，我国配电网建设进入快速发展阶段，配电网薄弱问题得到缓解，新能源接纳能力不断提高。但是当前仍亟须继续提升供电质量，解决区域之间、城乡之间发展不平衡和配电网结构等问题，深入推进配电网建设，切实保障农业和民生用电，构建与小康社会相适应的现代配电网，促进县域经济高质量发展，为进一步全面建成小康社会宏伟目标提供有力保障。

1.2.1　配电网建设面临的主要问题和挑战

我国配电网发展相对滞后，主要表现在供电质量与国际先进水平仍有差距，区域之间、城乡之间依旧存在发展不平衡、配电网结构问题突出等方面。

（1）供电质量与国际先进水平仍有差距。特别是部分地区电力供需偏紧，部分地区“低电压”情况动态出现。造成电网末端电压质量低的因素很多，主要有两个方面：一是电网建设原因。在最初开展配电网建设时，国家投入不足，导致配电网的整体结构只能满足当时的基本需要，各方面的建设都不够完善，虽然近几年对配电网进行了投资改造，特别是对农村电网进行了升级改造。但由于配电网涉及的范围比较大，供电点、线、面都非常复杂，投入的资金距离彻底改造还存在差距，所以，末端电压质量低的情况仍然没有得到根本解决。二是经济社会原因。随着农村城镇化建设的全面推进，用电负荷快速增长，农网一些线路的“低电压”问题时有出现，在春灌秋收、年节等时段尤为明显。造成这些现象的原因，有变电站数量较少或布局不合理、变电站容载比偏低，导线截面小等。

（2）东西部区域之间、城乡之间配电网发展不平衡。近年来配电网投资力度不断加大，但由于历史欠账较多，配电网尤其是中压配电网发展仍然滞后。我国地域辽阔，东西部之间、城乡之间经济发展不平衡，南北方之间的环境和气候差别大，各地用电结构和用电需求差异大，各地配电网发展目标、建设标准、空间资源、政策环境、规划理念等方面不一致，发展阶段、用电需求和用电结构也存在诸多差异。整体来讲，我国配电网地域发展不平衡。配电网规划设计标准难以适应客观存在的差异化需求，也难以满足建设结构合理、技术先进、灵活可靠、经济高效的现代配电网需要。

（3）配电网结构问题仍显突出，配电自动化覆盖率偏低。配电网架结构不够规范，目标网架尚未形成，不能完全满足供电安全标准要求。由于我国配电网规模大、范围广，已建成的配电自动化覆盖区域相对于整个配电网来说比例很低。配电自动化建设仅仅在城市核心区或有关示范区发挥了较好的作用，配电自动化没有实现普及。一方面，影响了配电自动化在提高县域配电网供电可靠性和实现科学管理的贡献度；另一方面，由于传统配电网并非为接入大量分布式能源而设计，导致农村大量可再生能源并网将对现有配电网提出严峻挑战。同时随着我国经济的稳步增长，分布式电源、电动汽车等产业快速发展，这些产业的发展对供电的安全性、可靠性、适应性都提出了较高的要求，配电网的设计、管理和检查需要不断改进以满足这些需求。自动化、智能化成为配电网建设的发展方向。由于我国在配电网自动化、智能化配置方面起步较晚，因此无法满足城市经济发展对配电网建设的需求。

（4）精益化管理措施不到位。精益化管理主要体现在配电网建设环节上，配电网发展受外界影响因素大，加之设备数量多，具有工程规模小、建设周期短等特点，对精益化管理的要求更高。精益化管理存在问题，一是规划的精细度不够，难以实现精准投资，导致部分真正的配电网发展需求不能转化为可落地的规划项目，导致规划投资偏差较大；

二是统筹不够，配电网需要电网公司及省、地市、县等各级规划管理部门与支撑力量通力合作，共同参与；三是电网地方公司的专业力量配置不足，做好做细配电网规划建设，实现精益化管理，关键在于配电网规划的骨干和主力军建设。

在大规模配电网建设任务的背景下，现有配电网工程管理效率、效益偏低的问题愈加凸显。传统管理方式的问题集中体现在五个方面：一是职能分散、多头管理。配电网规划建设各环节职能分散在基建、运检等多个部门，缺乏统筹协调。二是通用制度贯彻不到位。关于配电网建设的通用管理制度、技术标准、建设工艺等贯彻落实不到位。三是缺乏集约管控。配电网项目建设业务链中存在大量短小单一、重复度高的工作，缺乏集中管理和协同控制，造成管理效率低下。四是多元化目标要求更高。配电网项目施工现场分散，自然条件复杂，社会环境多样，安全风险随着投资规模的大幅提升而急剧增加，同时配电网工程任务繁重、工期紧张、标准要求高、工作压力大，“安全、进度、质量、规范”等多元化目标缺乏体系化的管控人员和管理手段。五是项目后评价缺失，闭环管理不完善。缺乏配电网项目整体后评价和闭环提升机制，无法明确项目建设效果，无法有效查摆存在的问题，不利于管理水平的螺旋式提升。六是行政审批难。由于配电网建设关系到居民生活和社会安定，我国非常重视配电网建设的审批工作。配电网规划建设的审批手续复杂，审批难度较大，这使得我国配电网建设更加谨慎，虽避免了很多问题的出现，但不利于配电网建设与时俱进、不断升级，造成配电网改建难。

1.2.2 深入推进配电网建设

全面建成小康社会，关键在于补齐短板。全面推进城、县域经济的高质量发展，电力作为“先行官”任重道远。只有构建城乡统筹、安全可靠、经济高效、技术先进、环境友好、与小康社会相适应的现代配电网，确保“小康电”送到“最后一公里”，才能为全面建成小康社会宏伟目标提供有力保障。

（1）因地制宜统筹推进配电网规划建设，落实“乡村电气化工程”。

各级政府应充分发挥规划的主导作用，充分考虑东西部区域之间、城乡之间配电网及经济社会等的差异情况，统一各类投资主体的规划技术，实现规划建设指导范围的全覆盖。加强配电网规划与城市总体规划、新能源规划及电动汽车等基础设施规划的统筹衔接。县域配电网规划建设需立足于县域实际，找出未来电网可能的薄弱点，解决实际问题。由于现有的和未来的电网薄弱点有可能不一致，需要科学确定对应的电网电源项目及其建设方案、规模和时序，以及项目的投资需求。如何将解决过渡过程中存在的问题和长远目标相结合，是县域配电网规划建设需要重点解决的问题。所以，在农网规划中应积极落实“乡村电气化工程”，因地制宜地选取特色发展之路，摸清问题、补齐短板、统筹考虑安排新一轮农网改造升级工程，避免过度投资和无序建设，按需稳步推进农村电网发展，促进农村可再生能源开发利用和能源消费清洁替代，推动农村地区从“有电用”向“用好电”全面转变。

（2）进一步加大投资力度，提升配电网自动化水平。

我国的配电网供电可靠性与发达国家存在较大的差距。其中，配电自动化发展滞后是主要原因。美国、英国、日本等国的电网输配电投资是电源投资的1.2倍左右，配电网投资是输电网投资的1倍多，而我国的还不到输电网的一半。因此，在大部分电源供给及输电线路骨架基本完成的情况下，我国电力投资重点需逐步转向电网智能化及配电网建设。配电自动化系统建设要与一次网架协调配合，提高配电自动化的实用化程度，解决配电网“盲调”问题，提升供电可靠性。配电自动化系统还应加强高级功能的深化应用，实现配电网的经济优化运行与协同调度。配电网规划、建设和运行需要统筹考虑源、网、荷之间的发展需要。电源接入方面，开展县域经济分布式电源消纳能力及经济性分析，引导电源合理布局、有序建设；应用分布式电源“即插即用”并网技术，满足分布式电源快速接入的要求，促进建设效率和效益的提高。用电负荷有序发展方面，需要根据负荷发展做好配电网规划。

（3）落实乡村振兴战略，建设新型农村电网。

积极落实国家乡村振兴战略，建设与美丽乡村发展相适应的新型农村电网，把重点放在解决农村电网发展不均衡、不充分的核心问题上，全面落实脱贫攻坚战略，坚守服务民生的社会责任，建设暖心的“最后一公里”电网，满足人民对美好生活的向往。因地制宜明确农网建设改造标准，满足乡村长远发展需求。东部地区，重点推进城乡电网一体化发展，加强网架结构，选用高质量设备，持续提升配电网供电能力；中部地区，提升电气化水平，加强中低压配电网建设，选用经济实用型设备，解决动态“低电压”和季节性供电紧张问题，推进小康用电示范县建设；西部地区，着力推进农网供电服务均等化，加强深度贫困地区电网规划建设，补齐农网发展短板。结合电网发展，坚持好“五个建设标准”，切实把光伏扶贫电站管严管实管好，常态化开展光伏扶贫督查巡查工作，高质量推进光伏扶贫工作，确保接得进、送得出、可消纳。

（4）提升配电网管理精益化水平，健全各级经研体系。

配电网规划项目安排需要精益化管理，通过应用信息化手段和大数据分析技术，梳理分析电网现状，对比目标网架，形成指导电网规划和项目安排的“两图两表”。规划项目落实以“两图两表”为基本抓手，实现精益规划和精准投资。配电网建设改造要全过程闭环管理，保持建设改造工作的连贯性、资金投入的持续性。各专业之间要打破专业壁垒，加强专业协同。健全各级经研体系，进一步充实各级经研体系的配电网专业人才队伍，重点加强地市经研所配电网规划设计人员力量，努力建立一支专业素质高、业务精通的配电网规划设计队伍，通过业绩对标、专业培训、上岗考试、技术交流等措施，促进经研体系的规划设计人员提升业务能力，以工匠之心努力培养一批专家型人才，促使规划设计人员深入理解配电网规划设计先进理念，严格执行《配电网规划设计技术导则》等技术标准，并落实到配电网规划建设实践中。

第 2 章 配电网工程建设管理的内涵

2.1 配电网工程建设管理的理念

2.1.1 配电网工程管理的内涵

配电网工程管理的目标是，自项目开始至项目结束，通过项目策划和项目控制，实现项目的造价目标、进度目标、质量目标。配电网工程管理内容主要包括人力、物力、资金、技术等方面的综合管理。配电网建设项目的施工地通常位于城郊或城市周边，由于配电网建设项目环境复杂、技术性高，所以需要对项目进行严格的工程管理；配电网建设的工程质量直接影响到区域内供电稳定，因此提高配电网项目施工质量对维系电网运行有重要意义。

配电网工程的实施坚持“先规划，后建设，安全和质量并重”的原则，正确处理好配电网工程建设与地方经济发展、配电网工程建设与环境保护、配电网工程建设安全与工期和效益的关系，建立配电网工程建设管理机制，大力推进工艺创新、精细化管理，保证工程在全部实现达标投产的基础上，打造优质工程，争创精品工程。

2.1.2 配电网工程管理基本情况

2.1.2.1 配电网工程建设项目管理模式

配电网工程建设项目管理模式，即项目的组织、管理、实施方式，通常是对项目的合同结构，合同各方的职能范围、责任权利、风险等进行确定和分配。鉴于配电网建设运营的特殊性和供电企业对工程设计方案要求较高的参与度，配电网工程管理模式主要是，先招标选取设计单位，在取得设计方案后，再招标选择施工单位、监理单位，并分别签订合同。这种模式的优点是设计、施工、监理、供货厂家的角色分工明晰，缺点是因设计与施工分离而往往在施工过程中产生较多的设计变更，供电企业作为业主方需进行大量的组织协调工作。目前配电网工程设计、施工单位专业技术水平总体仍较为薄弱，供电企业拥有较大的工程话语权，这种模式是目前配电网工程适用的管理模式。随着设计、施工单位专业技术水平的不断提升，配电网典型设计、标准化工艺的全面应用，提升了设计施工单位积极性，减少了设计变更。为进一步压降成本可由供电企业内部组建设计院负责工程设计工作，将施工工作进行外委实施，可减少不必要的内耗和组织协调，将更多的精力用于加强施工过程的安全、质量管理。

2.1.2.2　供电企业配电网工程管理模式

供电企业配电网工程建设管理实行“五制”，即项目法人责任制、工程监理制、招投标制、合同制、资本金制。按照企业内部员工岗位职责划分，主要采取“工程项目技术专责”管理模式，即“工程项目技术专责”作为项目经理，负责工程建设实施并协调内外部所有事项。

近年来借鉴基建工程项目管理经验，供电企业逐步推行“标准化项目部”管理模式。即业主方成立业主项目部，施工、监理单位分别组建施工项目部和项目部，各标准化项目部承担所负责的配电网项目建设实施的各项工作。

业主项目部管理模式最大的特点就是将工程建设流程管理各阶段工作划分成若干模块，由不同人员负责，由此，团队内部的有效沟通变得至关重要。一是每位成员需在严格按照规章制度开展工作的前提下做好与其他成员的沟通配合；二是项目经理与每位成员的沟通配合必须良好，以避免建设流程管理与施工现场管理脱节。推广应用业主项目部管理模式的初衷之一，便是加强施工现场管理，特别是加强施工现场安全管理。依托三个项目部，建立工程管控信息化平台，加强移动设备的使用，有效开展反违章工作，强化现场安全管控。

2.2　配电网工程建设管理的范围和目标

2.2.1　配电网工程建设管理的范围

涉及配电网工程全寿命周期各个阶段：

一是决策阶段，包括规划、项目建议书和可行性研究报告的编制。

二是实施阶段，包括安全管理、进度管理、质量管理、合同管理、信息管理、验收与投运管理、造价管理、组织和协调及地方政府相关部门的整体协调与验收，即设计前的准备工作、设计阶段、施工阶段。

三是使用阶段和保修阶段。

2.2.2　配电网工程建设管理的目标

（1）安全目标：杜绝人身死亡事故，实现工程“零事故、零违章”。

安全事故人命关天，配电网工程由于高空作业、交叉作业、建设人员多、场地狭小、建设周期长等多重因素影响很容易造成安全事故，而一旦发生安全事故，配电网工程管理目标的实现也就无从谈起。因此，配电网工程建设要始终把安全生产放在头等重要的位置，真正做到安全生产警钟长鸣。

（2）质量目标：确保配电网工程建设全过程可控、在控、能控，所有配电网工程建

设项目“零缺陷”移交，工程达标投产率100%，一次性达标投产，打造优质工程。

建设工程质量是百年大计，没有合格的配电网工程质量，配电网工程的管理就是纸上谈兵，毫无意义。而要保证配电网工程的质量，首先，要健全制度，建立质量管理责任制及质量保证体系，将管理目标层层分解并落实到位；建立质量三检制度；做好入场人员的技术交底与培训等。其次，要按规范与标准施工。监理工程人员要严格监督施工单位在施工过程中按照施工规范和标准进行施工，加强质量的跟踪、巡视与检查，发现问题及时纠正；对重大质量事故要进行专题质量事故分析，提出整改方案并整改落实；对隐蔽工程进行检查验收，将质量隐患消灭在萌芽状态。再次，为保证施工质量，对技术难点要点部位，根据其工艺标准和要求，提出切实可行的施工工艺和技术措施方案，组织专家论证后实施。最后，要保证工程质量，还要切实把好质量入口关，做好建设前施工现场的准备和材料进场的报验及验收工作，杜绝不合格的材料进入施工工地，切实把好质量入口关。

（3）进度目标：确保工程进度控制和资金进度的能控、可控。

工程进度是为保证配电网工程顺利完工。应做好施工组织设计 、施工进度计划、劳动力使用计划 、专业分包招标计划等，以确保工程进度计划按期完成。资金进度应与工程进度相统一，通过资金使用计划的严格执行，减少建设资金占用，提高资金的使用效益。

（4）造价目标：在质量、安全、进度的前提下实现对工程造价的投资控制，节约资金，实现投资效益的最大化。

一是设计、招标阶段。在招投标阶段认真做好工程量的计算，以减少错漏项给工程造价带来的不利影响；对投标单位的企业资质和业绩、资金状况及项目负责人资格进行严格审查，防止不合格的企业混入；开工前进行图纸会审，及早发现图纸问题；招标合同条款严谨，内容明确，不留漏洞与缺口。

二是施工阶段。施工阶段，做好暂估项分包招标项目的招标文件和控制价的编制，严格控制暂估项价格；做好暂估价材料价格的询价与确认；对施工过程中发生的设计变更及现场签证进行严格管理与控制；对施工过程中拟采用的新工艺、新材料和新设备进行科学的鉴定和论证，以确保使用过程中的安全可靠且经济合理。

三是竣工阶段。竣工阶段首先要熟悉图纸，了解招标文件、合同等相关文件资料，认真做好工程量的计算与核对；对洽商变更的合理性和责任进行分析，对索赔事项严格审核；对新增项目的综合单价的组成、费用的计取等进行严格审核。

2.3 强化“三个项目部”标准化建设

2.3.1 提高业主项目部管理水平，保障工程平安优质

项目部是由建设管理单位组建，代表建设管理单位履行项目建设过程管理职责的工程项目管理组织机构。业主项目部工作实行项目经理负责制，项目部管理工作贯穿工程

前期、工程建设、总结评价三个阶段，通过计划组织、协调、监督、评价等管理手段，推动工程建设按计划实施，实现工程进度、安全、质量和造价等各项建设目标。

业主项目部要根据整个配电网工程的施工计划目标，做好自己的项目部定位，把控好组建原则，对业主项目部的任职人员进行严格的资质审查。通过定岗定责的岗位责任制度，将业主项目部工作人员的工作职责、岗位职责、项目部建设目标细化下来，通过建设业主项目部设施设备配置清单，系统地分析上述数据。

2.3.2　强化施工项目部高效实施能力，顺利推进工程建设

施工项目部是指由施工单位（项目承包人）成立并派驻施工所在地，代表施工单位履行施工承包合同的组织机构。依据有关法律法规及规章制度，通过施工力量组织、环境协调、物资准备、施工图交底确认等方式，对项目施工安全、质量、进度、造价、技术等实施现场管理，推动工程施工按计划实施，在保证安全、质量、合理、环保、经济的前提下实现合同约定的各项目标。施工管理部门要根据配电网建设工程的相关施工目标，确立自己的工作职责与岗位职责。施工项目部需悬挂标示及各项规章制度等配电网工程的相关管理办法，确定整个工程的施工计划。

2.3.3　夯实监理项目部监督管理，做好工程联动作用

监理项目部是工程监理单位成立并派驻工程所在地，负责履行工程监理合同的组织机构，负责公平、独立、诚信、科学地开展工程监理与相关服务活动，通过审查、见证、旁站、巡视、平行检验、验收等方式方法，实现监理合同约定的各项目标。监理项目部要根据相关的管理规定，悬挂标示及各项规章制度，确立监理项目部的岗位职责。

2.4　强化配网电工程管理的方向

2.4.1　重视安全管理，完善管理制度

安全永远是重中之重，通过培训和教育的方式，促使每位施工人员都能充分认识到安全管理的重要性，逐步建立“安全第一，以人为本”的管理理念，并制定科学、合理、完善的安全管理制度和考核控制，确保安全管理制度落到实处，才能最大限度上降低安全事故发生的概率。同时还要对容易发生安全事故的环节和部位进行重点管理，重视配电网建设中的安全管理，及时清理现场危险源，营造一个安全、绿色的施工环境。

2.4.2　提高管理人员的综合素质

管理人员的综合素质，直接关系各项配网工程工作能否顺利开展。因此，工程管理部门要定期要求工程管理方面的专家或者权威人士通过开展讲座或者培训的方式，把最新的管理理念和管理模式传授给每位工程管理人员，提高他们解决问题和处理事故的能力，确保配电网建设各项工作都能顺利开展。

第 3 章 配电网工程组织管理

3.1 配电网工程管理特点

3.1.1 配电网工程项目分类

配电网工程泛指20 kV及以下电压等级的城市配电网建设与改造工程、农村配电网建设与改造工程、用户业扩报装工程、住宅配套工程、增容改造工程等，但不包括设备检修及零部件更新项目。

3.1.2 配电网工程基本建设程序

配电网工程建设管理工作流程见图3-1。

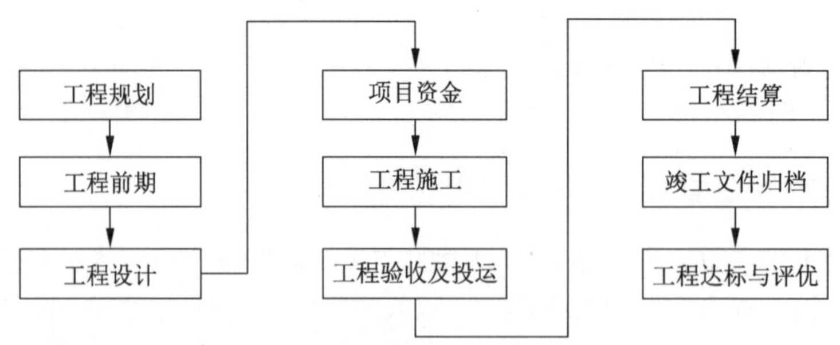

图3-1 配电网工程建设管理工作流程

1. 配电网工程规划阶段

（1）电力市场需求分析、负荷预测是制定配电网工程编制规划的基础。供电公司应重视建立信息收集网络，建立年度、半年和定期上报《电力市场分析及负荷预测报告》的信息渠道；及时收集区域电网内的用电需求和负荷增减信息；建立每月主动向政府有关部门定期收集《地方工业经济月度运行报告》，每年定期收集年度《国民经济发展统计年鉴》《区域经济发展中、长期规划》《城市发展规划》的制度；建立大客户的敏感性负荷的即时备案制度。

（2）定期的负荷预测与分析。每年组织召开一次相关部门（运检、营销、调度、发建、设计单位）参加的负荷预测与分析会议；每年 9 月初定期编制下一年度生产经营计划。分析负荷需求趋势，特别是对陶瓷、化工等高耗能行业的情况进行分析，确定下一年度规划发展项目和配电网工程发展规划滚动修订意见。

（3）加强协调，纳入区域城市总体规划。正确处理配电网工程规划发展与地方发展关系，使配电网工程建设总体规划更好地为地方经济发展和人民生活服务。积极参加发改委、建设规划局组织开展的城市总体发展规划、区域控制性详细规划、工业园规划、产业基地规划等专业规划编制工作。作为区域发展规划成员单位，将配电网工程规划纳入区域总体发展规划。为规划、预留好电力设施建设用地和相关高压线路走廊、电缆入地红线，提供了法规依据。

2. 工程前期工作

公司在工程贴息、土地预审、规划许可、环保审批、水土保持等方面积极与政府相关部门加强联系，做好沟通，与市、区发改委建立长期的工作协调机制，牵头组织政府相关部门召开协调会，统一解决工程补偿标准和规费收取标准问题。协调地方政府提供"三通一平"和工程贴息等前期工作。

3. 工程设计阶段

设计是龙头，工程最终能不能达到优质工程、精品工程，首先设计必须是精品。要重视设计工作，事前与设计单位沟通，在严格遵循配电网工程典型设计的基础上，提出创新设计理念、开阔设计思路、设计高水平的要求。

加大对每个单项工程初步设计、施工图设计的内部审查力度，制定审查标准，特别是单项投资较大的项目。从可行性研究审查到施工图设计审查都要组织相关部门进行内审，严格控制项目建设规模、标准和经济投资。通过这项工作的开展，从技术和经济上进一步优化设计方案。

对工程的设计变更，组织运行、施工、监理、设计单位进行多次图纸会审，以优化工程设计为目的。特殊的情况，需确定工程变更的细节。

4. 项目资金

资金是保证工程如期开工、按期完工的经济保障，如何满足工程需求，用足用好有效资金，是工程管理中不可忽略的一项重要工作。当下达工程的初步设计批复文件后，应及时组织编制项目总进度计划和资金使用计划，便于公司统一安排。为确保工程建设所需资金，实际施工过程中，应要求施工单位每月报工程进度报表和资金需求计划，以便及时掌握工程进度和按时拨付工程进度款。

5. 工程施工阶段

创新理念，夯实安全基础，认真落实各级各类人员安全生产责任制，严控施工单位资质，认真履行外委施工单位和人员的安全资质审查。从反违章入手，抓好全过程的安全管理和控制，正确处理好安全与进度、安全与效益的关系。

（1）精心管理，创优质工程。以建设优质工程为目标，将精细化管理的思想和作风贯彻配电网工程管理的各个环节。质量管理是工程管理的核心，每项工程开工前都要制

定高起点、高标准的创优规划。对施工单位提出二次策划的新要求，精心编制更量化和更细化的关键控制点质量目标。在施工过程控制中，采用“优质工程”策略，通过参观学习，借鉴经验，找出差距，取长补短，积极整改，不断改进施工管理和施工工艺。

（2）确保工程停电安全过渡。在配电网工程建设过程中，都会遇到停电过渡施工。停电施工往往伴随调度减少导致停电损失、施工单位赶进度、工程质量难以保证、安全风险高等矛盾的发生。凡涉及停电过渡的施工，由施工单位编制停电施工方案，由业主方及施工单位的技术和项目负责人参加停电方案会审。会审中，由施工单位技术负责人介绍整体方案，与会人员对施工单位的人员组织、机械和器具配置是否充足到位，停电施工方案的可行性认真进行逐项分析，提出停电施工优化方案，减少停电时间过渡，保证过渡施工质量措施的实施，并经分管配电网工程的公司领导批准、实施，使得停电过渡方案涉及的相关部门和人员明确总体要求，达到统一布置协调，现场准确有序，过渡方案安全落实到位。

（3）发挥监理作用，构筑质量防线。配电网工程必须有严格的质量监督管理，才能够保证工程质量。建设单位授予监理极大的权限，坚持监理不过关不动工、监理检测不合格重新整改至达标后施工的原则，充分发挥监理的作用，为工程建设筑起一道坚固的质量防线。业主方与监理单位相互配合、互相支持，严格执行规程规范，履行各自职责。业主方对监理人员反映的各类质量问题应高度重视，定期召开工程质量协调会，及时解决工程存在的各个质量问题。要求施工单位实行施工技术交底制度、严格执行三级质量检验制度，严把施工工序关和质量关。

（4）编制出开工、实施、投产里程碑节点计划，及时组织召开配电网工程建设推进会，确定配电网工程基建工程开工、实施、投产里程碑节点计划。该计划对每个工程的“前期、设计、施工、结算”四个阶段精心安排，每个阶段落实责任部门（单位）和责任人，实施项目甲方代表制，明确工作完成时间；施工单位根据业主方编制的开工、实施、投产里程碑计划，编制工程施工进度计划网络图；如工程实际进度与工程施工进度计划网络图节点不相符时，立即召开现场会，分析原因，提出措施，调整计划，从加大施工力量、优化施工流程入手，用动态管理模式确保工程实施进度。

6. 工程验收及投运

按照工程质量验收管理要求，除了严格抓好分步分项工程各阶段验收外，对工程竣工验收，采取三级验收管理模式，由业主方制定验收组织纲要，明确验收工作组织机构、职责、任务、验收依据，由领导批准后实施。业主方组织各相关专业和运行维护班组对工程竣工所有设备、项目按照工程竣工验收标准、设计图纸进行全面验收，强化了质量监督，保证了验收质量，对工程中存在的缺陷，及时制订整改计划，限期整改，对缺陷实行闭环管理，努力实现工程零缺陷移交的目标。

工程在竣工投运前，业主方成立启动委员会和工作小组，编写启动组织纲要，根据启动组织纲要编写操作方案，确保现场启动试运行工作的有序进行。

运行单位的生产准备工作（生产人员的提前进场和培训准备；安全工器具、办公、生产及生活家具的购置；现场运行规程、规章制度制订，运行设备标示牌的设置等）在工程进入安装阶段就开始介入，确保启动试运行操作和试运行期间配电网工程的安全可靠。

7. 工程结算

工程结算是反映工程实际投资的技术文件，为工程造价分析、投资决策提供依据。明确实施“完工一项、竣工一项、验收一项”的验收结算管理办法，在项目竣工后通过完成15天内，施工单位向业主方报送完整的工程结算资料，业主方在收到结算资料后30天内组织设计、监理、审计，对结算资料内容在合同约定的结算原则、计价定额、取费标准、优惠条款方面进行严格审查。对重大设计变更有效签证资料、隐蔽工程验收记录，除了在过程中就予以现场核定外，在初审会上也要再次确认。对错套定额、工程量与图纸不符，自购设备、材料多列项目坚决不予上报，并及时与施工单位沟通，达成一致意见，严把预审质量关，确保工程投资准确、真实，减少和避免工程建设资金流失。

8. 竣工文件归档

为保证试运行期间配电网工程安全，要求施工单位在启委会前必须将一套与现场相符的完整图纸移交给业主方，在启动试运行1个月内，施工方移交完毕工程资料，监理单位在试运行后1个月内移交全部监理认可的资料，试运行后1个月内系统调试单位提供协调调试方案、调试报告和试运行报告，设计单位在试运行后2个月内提供竣工图纸，所有资料先交工程主管部门，经核实无误后交公司档案室和运行单位。

3.2 配电网工程业主方的项目管理

3.2.1 业主方组织模式

业主项目部是配电网工程建设管理中具体负责建设项目管理任务的基建管理机构。建设管理单位可以根据管理任务和管理人员情况组建一个或若干个业主项目部，每个业主项目部设置业主项目经理、建设协调专责、安全管理专责、质量管理专责、造价管理专责和技术管理专责等岗位。各单位可根据管理人员情况，以建设管理单位基建管理部门（或工程综合管理部门）专业管理工程师为主配备业主项目部管理人员，一名管理人员可以在同一个业主项目部内兼任多个岗位，由一个业主项目部负责一个配电网项目群的管理工作。业主项目部的主要职责如下：

（1）参与配电网工程年度投资计划的编制工作。配合配电网项目投资部门编写配电网工程年度投资计划，根据项目进度要求合理安排项目资金计划。

（2）参与配电网工程项目的可行性研究、初步方案评审，组织施工图设计评审等工作。组织设计、施工、监理、运行等部门审核施工图设计，对项目的技术、工艺、材料、进度等进行审核。

（3）负责配电网工程年度实施进度策划方案的编制工作。配电网工程年度实施进度计划是从工程项目开始建设到竣工投产全过程的统一部署，是各参建单位工作计划的编制依据，保证项目建设的连续性，增强建设工作的预见。

（4）负责配电网工程红线报批、政策处理等相关手续的办理工作。

（5）参与配电网工程项目的设计、监理、施工招标及合同管理等工作。

（6）负责配电网工程项目的安全、质量、进度、造价等管理工作。

（7）负责配电网工程变更、现场签证等手续审批工作。

（8）负责配电网工程物资的审核、申购、验收等协调工作。

（9）负责配电网工程项目的工序验收、竣工验收、投产协调等工作。

（10）负责配电网工程项目的结算审核、报审等工作。

（11）负责配电网工程资金的管理工作。

（12）负责并督促配电网工程资料的收集、整理、移交及归档等。

（13）负责对参建队伍工作质量的综合评价。

3.2.2 发包模式与风险分析

3.2.2.1 平行发包模式

平行发包模式是指发包方将项目的勘察、设计、施工、设备材料供应等任务分别发包给不同的勘察、设计、施工和设备材料供应商，并分别与各供应商（承包单位）签订合同，各供应商（承包单位）之间是独立和平行的，不存在从属关系或者管理与被管理的关系。

（1）平行发包模式的优势。首先，有利于扩大发包方选择承包单位的范围，因为发包方在与不同的承包单位签订项目合同时，可以对承包单位分别进行考评，并择优确定承包单位。其次，发包方可以根据设计和施工进度，将整个工程划分为若干个可独立发包的单元，并结合工程实际需要逐步确定承包单位，而无须在施工前一次性全部确定，因而组织方式比较灵活。再次，由于发包方针对一个工程签订了多个合同，这使得每个合同的项目内容单一，合同价值较小，从而降低了发包方的合同风险。最后，由于各承包单位之间存在工作任务交接，而每次交接都会涉及已完工工程交接和质量的考评，这也有利于发包方对项目质量进行不间断控制。

（2）平行发包模式的缺点。因为这种模式需要发包方多次选择不同专业的承包单位，签订多份不同合同，招标工作量大，签约成本高，合同管理具有一定难度。而且发包方是每份合同的履约主体和责任主体，承担着对整个工程的工期、质量、安全和造价进行管理的责任，各承包单位之间的组织、协调工作需要由发包方来承担。如果发包方的管理不力，没有解决好各承包单位之间工作的衔接、协调，就可能造成承包单位窝工甚至工期延误，而这种窝工、工期延误的责任是要由发包方来承担的。这就对发包方管理能力提出很高的要求。

3.2.2.2 工程总承包模式

工程总承包模式是指工程总承包单位受发包方委托，按照合同约定对工程项目的勘察、设计、施工、采购等实行全过程或若干阶段的承包，工程总承包单位对承包工程的质量、安全、工期、造价全面负责的一种模式。

工程总承包模式按照实施过程的不同又可以分为以下几种不同的方式：第一种，E +

P+C 模式（设计 engineering、采购 procurement、施工 construction 的组合，即交钥匙总承包或者设计采购施工总承包），EPC 承包方按照合同约定，承担工程项目的设计、采购、施工、竣工验收等任务，并对承包工程的质量、安全、工期、造价全面负责，最终向发包方交付一个满足使用功能、具备使用条件的工程项目。这是我国目前推行工程总承包最主要的模式。第二种，E+P+CM 模式（设计 engineering、采购 procurement、施工管理 construction management 的组合，即设计采购与施工管理总承包），EPCM 承包方是通过发包方委托或招标而确定的，承包方与发包方直接签订合同，对工程的设计、材料设备供应、施工管理全面负责。EPCM 承包方根据发包方投资意图和提出的要求，通过招标为业主选择、推荐最合适的分包方来完成设计、采购、施工任务。设计、采购分包方对 EPCM 承包方负责，而施工分包方则不与 EPCM 承包方签订合同，而是直接与发包方签订合同，但其接受 EPCM 承包方的管理。因此，EPCM 承包方无须承担施工合同风险，其获利较为稳定。EPCM 是国际建筑市场较为通行的项目管理模式之一，也是我国目前推行的总承包模式的一种。

另外，根据工程项目的不同规模、类型和发包方要求，工程总承包还可采用设计采购总承包（E+P）、采购施工总承包（P+C）、设计施工总承包（E+C）、施工总承包（C）等模式。

3.2.2.3　*总包加指定分包模式*

总包加指定分包模式是指总承包人根据发包人的指令将所承包工程中主体结构以外的某些专业工程交由发包人指定的分包人施工，总承包人对包括指定分包工程在内的全部承包工程的质量、安全、工期、造价承担责任的一种工程承包形式。这种发包模式实际上是前面所说的“平行发包模式”与“工程总承包模式”相结合的产物。

根据《中华人民共和国建筑法》第二十九条规定：建筑工程总承包单位可以将承包工程中的部分工程发包给具有相应资质条件的分包单位；但是，除总承包合同中约定的分包外，必须经建设单位认可。施工总承包的，建筑工程主体结构的施工必须由总承包单位自行完成。建筑工程总承包单位按照总承包合同的约定对建设单位负责；分包单位按照分包合同的约定对总承包单位负责。总承包单位和分包单位就分包工程对建设单位承担连带责任。可见，在总承包合同没有约定的情况下，总承包单位就分包工程对发包方承担连带责任，这是法律的规定。因此，除非总承包单位拒绝发包方指定分包单位，或者总承包合同中另有相反约定，否则，只要总承包单位接受了发包方的指定分包单位，就视为该指定分包单位与总承包单位自行选择的分包方法律地位等同，即总承包单位要对发包单位负责，并与分包单位就分包工程对发包单位承担连带责任。

总包加指定分包模式的直接优势是，由于发包方对部分重要专业工程及重要设备材料采购保留了自主选择分包单位的权利，这对发包方控制项目的进度、质量、安全、造价是比较有利的。这种模式需要注意的问题是，发包方需要规避直接指定分包单位的嫌疑。《工程建设项目施工招标投标办法》（发展计划委员会令第 30 号）第六十六条规定：“招标人不得直接指定分包人。”因此，指定分包单位在行政管理上是不被允许的。对总承包单位来说，要尽量将本模式下自己的权利义务向平行发包模式下的权利义务靠拢，

以减轻自身的责任。比如，总承包单位可以在合同中明确约定该分包单位系由发包方指定分包单位，总承包单位的责任仅为配合管理，而付款、分包工程质量、进度、保修等由发包方与指定分包单位之间自行约定；可以约定若分包工程工期延误，则总包工程工期相应顺延；可以约定因发包方指定分包单位，视为发包方对分包方具备承包本项工程的资质已确认无异议；可以约定分包方的配合管理费及水电费由发包方在应付分包工程款中预先扣除，并由发包方直接支付给总承包单位。另外，总承包单位还应注意其承担的配合管理义务是否可行，不要在合同中约定总承包单位要“提供足够的脚手架给分包方使用”或者约定“向分包单位提供足够的住宿条件”等义务无限扩大的内容，以减轻合同歧义给承包单位带来的风险。

3.2.2.4 工程代建模式

工程代建制最早起源于美国的建设经理制（CM 制）。CM 制是业主委托一个被称为建设经理的人来负责整个工程项目管理的模式，内容包括可行性研究、设计、采购、施工、竣工试运行等工作，但建设经理不承包工程费用。建设经理作为业主的代理人，在业主委托的业务范围内以业主名义开展工作，如有权自主选择设计师和承包商，业主则对建设经理的一切行为负责。在我国，代建制的使用范围一般限于政府投资项目，配电网工程中使用较少。

3.3 配电网工程承包方的项目管理

3.3.1 配电网工程施工管理组织

施工单位在收到中标通知书并与建设管理单位签订合同后，应立即成立施工项目部。施工项目部应设在项目所在地。中标合同中含多地的，应在工程量较大之地成立施工项目部，其余各地可成立施工项目分部。施工项目部应由中标施工单位以书面文件下发成立。

施工项目部人员设置应包括项目经理、安全员、质检员、技术员、资料信息员和材料员等，视工程需要可增设项目副经理、协调员和造价员。施工项目分部（若有）人员设置：项目副经理（分部负责人）和安全员应为专职，其余质检员、技术员、资料员、材料员等可兼职。

施工项目经理是施工现场管理的第一责任人，全面负责施工项目部各项管理工作（施工项目副经理协助施工项目经理履行职责），具体如下：

（1）主持施工项目部工作，在授权范围内代表施工单位全面履行施工承包合同。对施工生产和组织调度实施全过程管理，确保工程施工顺利进行。

（2）组织建立相关施工责任制和各专业管理体系，组织落实各项管理组织和资源配备，并监督其有效运行；负责项目部员工管理绩效的考核及奖惩。

（3）组织编制项目管理实施规划（施工组织设计），并负责监督落实。

（4）组织制订施工进度、安全、质量及造价管理实施计划，实时掌握施工过程中安全、质量、进度、技术、造价、组织协调等总体情况。

（5）组织召开项目部工作例会，安排部署施工工作。

（6）对施工过程中的安全、质量、进度、技术、造价等管理要求执行情况进行检查、分析及组织纠偏。

（7）负责组织、处理工程实施和检查中出现的重大问题，并制订纠正预防措施。遇特殊困难应及时提请有关方协调解决。

（8）合理安排项目资金使用。落实安全文明施工费的申请和使用。

（9）负责组织落实安全文明施工、职业健康和环境保护有关要求。负责组织检查重要工序、危险作业和特殊作业项目开工前的安全文明施工条件并签证确认。负责组织检查分包商进场条件，对分包队伍实行全过程安全管理。

（10）负责组织工程班组级自检、项目部级复检和质量评定工作。

3.3.2　配电网工程施工组织设计的内容及编制方法

配电网工程施工组织设计是对施工活动实行科学管理的重要手段，具有战略部署作用，它体现了实现基本建设计划和设计的要求，提供了各阶段的施工准备，并且根据施工组织内容，协调施工过程中各施工单位、各项资源之间的相互关系。

3.3.2.1　配电网工程施工组织设计的内容

（1）工程概况。本项目的性质、规模、建设地点、结构特点、建设期限；本地区地形、地质、水文和气象情况，施工力量，劳动力、机具、材料、构件等资源供应情况；施工环境及施工条件等。

（2）施工部署及施工方案。根据工程情况，结合人力、材料、机械设备、资金、施工方法等条件，全面部署并附以施工任务，合理安排施工顺序，确定主要工程的施工方案。对拟建工程可能采用的几个施工方案进行定性、定量分析，通过技术经济指标。

（3）施工进度计划。施工进度计划反映了最佳施工方案在时间上的安排，采用计划形式，使工期、成本、资源等通过优化调整达到既定目标，在此基础上编制相应的人力和时间安排计划、资源需求计划和施工准备计划。

（4）施工平面图。施工平面图是施工方案及施工进度计划在空间的全面安排。它把投入的各种资源项、各种临时工程设施合理有序布置在施工现场，使整个现场能有组织地进行文明施工。

（5）主要技术经济指标。（分项）技术经济指标用以衡量组织施工的水平，是对施工组织设计文件的技术经济效益评价。

3.3.2.2　施工组织设计的编制方法

1. 施工组织设计的编制原则

在编制施工组织设计时，宜考虑以下原则：

（1）重视工程的组织对施工的作用；

（2）提高施工的工业化程度；

（3）重视管理创新和技术创新；

（4）重视工程施工的目标控制；

（5）积极采用国内外先进的施工技术；

（6）充分利用时间和空间，合理安排施工顺序，提高施工的连续性和均衡性；

（7）合理部署施工现场，实现文明施工。

2. 施工组织总设计编制依据

施工组织总设计的编制依据主要包括：

（1）可研及计划批复文件；

（2）设计文件；

（3）合同文件；

（4）建设地区基础资料；

（5）有关的标准、规范和法律；

（6）建设工程项目的资料和经验。

3.3.3　配电网工程施工管理目标的动态控制

3.3.3.1　配电网工程施工管理目标的动态控制的程序

（1）熟悉和收集编制施工组织总设计所需的有关资料和图纸，进行项目特点和施工实施的调查研究；

（2）计算施工的主要工程量；

（3）确定施工的总体部署；

（4）拟定施工方案；

（5）编制施工总进度计划；

（6）编制资源需求量计划；

（7）编制施工准备工作计划；

（8）施工总平面图设计；

（9）计算主要技术经济指标。

3.3.3.2　动态控制方法

1. 基于项目管理的理念

项目实施过程中主客观条件的变化是绝对的，不变则是相对的；在项目进展过程中平衡是暂时的，不平衡则是永恒的。因此在项目实施过程中必须随着情况的变化进行项目目标的动态控制。项目目标的动态控制是项目管理最基本的方法论。

收集项目目标的实际值，如实际投资/成本、实际施工进度和施工的质量状况等；定期进行项目目标的计划值和实际值的比较，如有偏差，则采取纠偏措施进行纠偏。

2. 配电网工程动态控制的纠偏措施

（1）组织措施：调整项目管理人员的分工、管理职能、工作流程组织等。

（2）管理措施：分析由于管理原因而影响项目目标实现的问题，如调整进度管理的方法和手段。

（3）经济措施：分析由于经济原因而影响项目目标实现的问题，如落实加快工程进度所需要的资金。

（4）技术措施：分析由于技术原因而影响项目目标实现的问题。

3.4 配电网工程设计方的项目管理

配电网工程设计管控环节主要内容包括设计策划、初步设计、初步设计评审、施工图设计、现场服务、设计变更和竣工图设计等。

3.4.1 工程设计质量全过程管控

在工程初步设计前，应根据工程条件，确定总体的技术原则，开展项目设计策划，全面采用公司标准化建设成果，积极应用基建新技术，落实建设坚强智能电网的有关要求。

初步设计过程中应依据相关法律法规、规程规范和项目可行性研究报告评审意见及批复文件，全面采用通用设计。

3.4.2 设计质量评价及考核

落实工程设计质量全过程管控要求，对配电网工程开展设计质量评价及考核。工程设计质量评价范围主要包括初步设计、施工图设计、现场服务、设计变更、竣工图设计五部分。评价结果按初步设计65%、施工图设计20%、现场服务5%、设计变更5%、竣工图设计5%的权重系数加权计算形成。工程设计合同总价的10%作为设计质保金。设计质保金根据工程设计质量评价结果在工程投运、消除全部设计缺陷并提交竣工图后30个工作日内予以支付。

3.4.3 设计变更与现场签证审批流程

一般设计变更（签证）发生后，提出单位应及时通知相关单位，建设管理单位组织各单位7天内完成审批。重大设计变更（签证）发生后，提出单位应及时通知相关单位，经建设管理单位审核上报省公司级单位审批。

设计变更与现场签证应由监理单位、设计单位、施工单位、业主项目部、建设管理单位或项目法人单位依次签署确认。如果发生紧急情况，监理单位认为将造成人员伤亡或危及项目法人权益时，监理单位可直接发布处理指令，由此引起的设计变更与现场签证应按《国家电网公司输变电工程设计变更与现场签证管理办法》第十四至第十七条规定补办签署意见。设计变更与现场签证批准后，由监理单位下发现场执行。

设计变更文件应准确说明工程名称、变更的卷册号及图号、变更原因、变更提出方、变更内容、变更工程量及费用变化金额，并附变更图纸和变更费用计算书等。

现场签证应详细说明工程名称、签证事项内容，并附相关施工措施方案、纪要或协议、支付凭证、照片、示意图、工程量及签证费用计算书等支撑性材料。

设计变更费用应根据变更内容对应概算或预算的计价原则编制，现场签证费用应按合同确定的原则编制。设计变更与现场签证费用应由相关单位技经人员签署意见并加盖造价专业资格执业章。

设计变更应及时实施，并严格执行施工、验收标准，满足建设要求。

设计单位编制的竣工图应准确、完整地体现所有已实施的设计变更，符合归档要求。

相关单位应及时归档设计变更与现场签证文件；引起费用变化的设计变更与现场签证，监理单位应及时整理报送业主项目部，作为工程结算的依据。

设计变更与现场签证未按规定履行审批手续的，其增加的费用不得纳入工程结算。

3.5 配电网工程监理方的项目管理

配电网工程监理应当依照法律、行政法规及有关的技术标准、设计文件和建筑工程合同，就承包单位在施工质量、建设工期和建设资金使用等方面，代表建设单位实施监督。

3.5.1 监理工作的主要任务

3.5.1.1 设计阶段建设监理工作的主要任务

（1）协助编写工程勘察设计任务书；

（2）协助组织建设工程设计方案竞赛或设计招标，协助业主选择勘测设计单位；

（3）协助拟订和商谈设计委托合同；

（4）配合设计单位开展技术经济分析，参与设计方案的比选；

（5）参与设计协调工作；

（6）参与主要材料和设备的选型（视业主的需求而定）；

（7）审核或参与审核工程估算、概算和施工图预算；

（8）审核或参与审核主要材料和设备的清单；

（9）参与检查设计文件是否满足施工的需求；

（10）设计进度控制；

（11）参与组织设计文件的报批等。

3.5.1.2 施工招标阶段建设监理工作的主要任务

（1）拟订或参与拟订建设工程施工招标方案；

（2）准备建设工程施工招标条件；

（3）协助业主办理招标申请；

（4）参与或协助编写施工招标文件；

（5）参与建设工程施工招标的组织工作；

（6）参与施工合同的商签；

（7）材料和设备采购供应的建设监理工作的主要任务。

对于由业主负责采购的材料和设备物资，监理工程师应负责制订计划，监督合同的执行。具体内容包括：

① 制定（或参与制定）材料和设备供应计划和相应的资金需求规划；

② 通过对材料和设备的质量、价格、供货期和售后服务等条件的分析和比选，协助业主确定材料和设备等物资的供应单位；

③ 起草并参与材料和设备的订货合同；

④ 监督合同的实施。

3.5.1.3　施工准备阶段建设监理工作的主要任务

（1）审查施工单位选择的分包单位的资质；

（2）监督检查施工单位质量保证体系及安全技术措施，完善质量管理程序与制度；

（3）协助业主处理与工程有关的赔偿事宜及合同争议事宜。

3.5.2　工程监理的工作方法

3.5.2.1　工程监理的主要原则

实施配电网工程监理前，建设单位应当委托工程监理单位，并明确监理的内容及监理权限等事宜。工程监理人员认为工程施工不符合工程设计要求、施工技术标准和合同约定的，有权要求施工单位改正。工程监理人员发现工程设计不符合建筑工程质量标准或者合同约定的质量要求的，应当报告建设单位，要求设计单位改正。

3.5.2.2　工程监理的工作程序

（1）编制工程建设监理规划；

（2）按工程建设进度，分专业编制工程建设监理实施细则；

（3）按照建设监理细则进行建设监理；

（4）参与工程竣工预验收，签署建设监理意见；

（5）建设监理业务完成后向项目法人提交工程建设监理档案资料。

3.6　配电网工程风险管理

3.6.1　工程风险的分类

3.6.1.1　风险管理

风险管理是为了达到一个组织的既定目标，而对组织所承担的各种风险进行管理的系统过程，其采取的方法应符合公众利益、人身安全、环境保护以及有关法规的要求。风险管理包括策划、组织、领导、协调和控制等方面的工作，主要有以下几方面内容：

一是对风险因素的排查，即针对目标实现过程中可能出现的风险类型、风险性质进行罗列。如工程项目中不合格材料、不规范施工、不尽职的人等都是风险因素。

二是对风险事件的评估。如具备怎样的风险因素，可能导致怎样的风险事件。

三是对风险损失的估计。风险损失分为直接损失与间接损失，直接损失指人身或财产的损失，而间接损失则可能是商业信誉、品牌形象等无形资产的损失。

四是基于上述认识的决策。在意识到目标实现过程中的风险后，采取何种措施避免

或减少风险带来的损失，这是风险管理的核心。

五是风险管理措施实施的有效性，这是风险管理的重点，也是风险管理成效的决定性因素。

3.6.1.2 配电网建设项目的风险分类

配电网工程的风险包括项目决策的风险、项目实施阶段的风险、项目投产投运阶段的风险。

1. 项目决策的风险

配电网建设项目决策的风险主要包括：配电网项目规划管理风险、可行性研究管理风险、走廊与用地报批管理风险，以及配电网计划编制、下达、调整、新增等工作流程风险。这些工作流程存在的风险大致是配电网项目规划管理中，规划深度不够、规划未能根据实际滚动调整；可行性研究管理中，可行性研究深度不够、可行性研究内容不全面；走廊与用地报批管理中，未能及时规范开展报批手续、报批手续因政策原因受阻；配电网计划编制及下达中，计划编制不合理、计划下达内容不全面；配电网计划调整和新增中，未经过规范审批手续进行调整、未批先建。

2. 项目实施阶段风险

项目实施阶段主要涉及项目招标、合同签订、项目设计、项目施工、项目物资管理及项目财务管理六大方面内容。建设项目实施阶段的风险大致是招投标管理中，招投标不合法合规，设计、施工、监理、物资中标方的资质、信用、履约能力存在问题；合同管理中，招投标不合法合规、合同签订不及时、合同存在缔约过失的情况、合同审批不规范；设计管理中，设计深度不够、未按规范开展设计变更、设计变更签证不规范；物资管理中，物资申请和供应不及时、缺乏应急物资、物资质量有问题、物资回收有问题；财务过程管理中，超支、未按约定支付款项；施工与监理管理中，施工安全问题、施工工艺及标准问题、施工进度问题、整体配合问题。

工程项目的风险因素有很多，可以从不同的角度进行分类。

(1) 按照风险来源进行划分，风险因素包括自然风险、社会风险、经济风险、法律风险和政治风险。

自然风险：如地震，风暴，异常恶劣的雨、雪、冰冻天气等；未能预测到的特殊地质条件，如泥石流、流沙等；恶劣的施工现场条件等。

社会风险：包括宗教信仰的影响和冲击、社会治安的稳定性、社会的禁忌、劳动者的文化素质、社会风气等。

经济风险：包括国家经济政策的变化，产业结构的调整，银根紧缩；项目的产品市场变化；工程承包市场、材料供应市场、劳动力市场的变动；工资的提高、物价上涨、通货膨胀速度加快；金融风险、外汇汇率的变化等。

法律风险：如法律不健全，有法不依、执法不严，相关法律内容发生变化；可能对相关法律未能全面、正确理解；环境保护法规的限制等。

政治风险：通常表现为政局的不稳定性，战争、动乱、政变的可能性，国家的对外关系，政府信用和政府廉洁程度，政策及政策的稳定性，经济的开放程度，国有化的可能性，国内的民族矛盾，保护主义倾向等。

（2）按照风险涉及的当事人划分，风险因素包括人为风险和经济风险。

人为风险：政府或主管部门的专制行为，管理体制、法规不健全，不可预见事件，合同条款不严谨，承包单位缺乏合作诚意以及履约不力或违约，材料供应商履约不力或违约，设计有错误，监理工程师失职等。

经济风险：宏观经济形势不利、投资环境恶劣、通货膨胀幅度过大、投资期长、基础设施落后、资金筹措困难等。

3. 项目投产投运阶段的风险

配电网建设项目投产投运阶段主要包含项目验收、工程结算、项目投运三大块管理内容，具体如下：项目验收管理包括材料与设备检验、试验不合格，验收不规范，验收问题整改不到位，验收人员贪污受贿或渎职、工程结算管理包括造价审核不规范、集中结算、设备资产清查转资不及时、项目超支、投产管理包括项目档案未及时归档、项目资产及后期运维责任不明确。

3.6.2 配电网工程风险的管理程序

工程项目风险管理是指风险管理主体通过风险识别、风险评价去认识项目的风险，合理地使用风险回避、风险控制、风险自留、风险转移等管理方法、技术和手段对项目的风险进行有效的控制，妥善处理风险事件造成的不利后果，以合理的成本保证项目总体目标实现的管理过程。项目风险管理程序是指对项目风险进行管理的一个系统的、循环的工作流程，包括风险识别、风险分析与评价、风险应对策略的决策、风险对策实施及监控四个主要环节。

3.6.3 配电网工程风险的应对策略

3.6.3.1 工程项目风险的应对策略

工程项目风险的应对策略包括风险回避、风险转移。

1. 风险回避

风险回避是指在完成项目风险分析与评价后，如果发现项目风险发生的概率很高，而且可能的损失也很大，又没有其他有效的对策来降低风险时，应采取放弃项目、放弃原有计划或改变目标等方法，使风险事项不发生或不再发展，从而避免可能产生的潜在损失。通常，当遇到下列情形时，应考虑风险回避的策略：一是风险事件发生概率很大且后果损失也很大的项目；二是发生损失的概率并不大，但当风险事件发生后产生的损失是灾难性的、无法弥补的项目。

2. 风险转移

风险转移是进行风险管理的一个十分重要的手段，当有些风险无法回避、必须直接面对，而以自身的承受能力又无法有效地承担时，风险转移就是一种十分有效的选择。风险转移的方法有很多，主要包括非保险转移和保险转移两大类。

（1）非保险转移。非保险转移又称为合同转移，因为这种风险转移一般是通过签订合同的方式将项目风险转移给非保险人的对方当事人。项目风险最常见的非保险转移有以下三种情况：

① 建设单位将合同责任和风险转移给对方当事人。建设单位管理风险必须要从合同管理入手，分析合同管理中的风险分担，在这种情况下，被转移者多数是承包商。例如在合同条款中规定，建设单位对场地条件不承担责任；或采用固定总价合同将涨价风险转移给承包商等。

② 承包商进行项目分包。承包商中标承接某项目后，将该项目中专业技术要求很强而自己缺乏相应技术的项目内容分包给专业分包商，从而更好地保证项目质量。

③ 第三方担保。合同当事的一方要求另一方为其履约行为提供第三方担保。担保方所承担的风险仅限于合同责任，即承担由于委托方不履行或不适当履行合同以及违约所产生的责任。第三方担保的主要有建设单位付款担保、承包单位履约担保、预付款担保、分包商付款担保、工资支付担保等。

与其他的风险应对策略相比，非保险转移的优点主要体现在以下两方面：一是可以转移某些不可保的潜在损失，如物价上涨、法规变化、设计变更等引起的投资增加；二是被转移者往往能较好地进行损失控制，如相对于建设单位，承包单位能更好地把握施工技术风险，相对于总承包单位，专业分包单位能更好地完成专业性强的工程内容。

（2）保险转移。保险转移通常直接称为工程保险。通过购买保险，建设单位或承包单位作为投保人将本应由自己承担的项目风险（包括第三方责任）转移给保险公司，从而使自己免受风险损失。保险之所以能得到越来越广泛的运用，原因在于其符合风险分担的基本原则，即保险人较投保人更适宜承担项目有关的风险。对于投保人来说，某些风险的不确定性很大，但是对于保险人来说，这种风险的发生则趋近于客观概率，不确定性降低，即风险降低。因此，对于工程项目风险，应将保险转移与风险回避、损失控制和风险自留等手段结合起来运用。

3.6.3.2 完善组织体系、制度等管控分险

（1）建立矩阵型风险管理组织体系，形成全面风险管理常态机制，包括制定和完善风险管理相关规章制度、管理手册；组织全面风险管理信息系统日常维护与应用；将风险管理纳入日常岗位职责中，把风险管理工作成效纳入个人绩效考核与个人发展评价，由全面风险管理委员会予以评定，以督促、激励其主动作为，充分履行风险管理职责。

（2）完善配电网制度标准体系，落实风险问题有效闭环管理，从专业操作规范、内部控制措施、风险管理标准、风险预警管理办法4个方面入手，完善配电网建设项目涉及的各个专业的专项制度与技术标准。建立风险信息库、风险案例库、风险预警指标体系、内部控制手册、内部控制评价手册5个方面的风险管理成果管理评价工具。

（3）以流程为纽带，以管理制度为依据，以信息技术为支撑，搭建配电网风险管理模型，实现配电网建设项目风险识别、风险评估、风险成本效益分析及风险对策的在线评价与监控。

（4）编制配电网建设项目风险管控操作手册，实现风险管控有效落地。以配电网建设项目操作手册以业务流程为线索，通过对每一项具体业务的分析，识别该业务中的

风险点，通过进一步分析风险，找出或设计应对风险的控制措施。配电网建设项目管理人员可以根据操作手册，比照发现当前项目环节的风险情况，了解应对风险的可行性方案，也可以通过操作手册及时发现自身风险管理上的不足，为风险管控措施有效落地奠定基础。

（5）利用风险控制信息化工作平台实现配电网风险动态实时监控。风险监控是风险动态管理的必要手段，对配电网建设项目实施有效的风险监控也是配电网建设项目风险管理的重点。利用现有 ERP、GPMS、GIS 等现有的管理信息平台，采集风险管理关键信息，并利用 tableau 数据分析软件实现信息分析、传递、披露、知识共享，实现配电网建设项目风险动态管理。

3.6.4　配电网工程风险的监控与跟踪

3.6.4.1　配电网工程风险监控的内容

风险监控是指跟踪已识别的风险和识别新的风险，保证风险计划的执行，并评估风险对策与措施的有效性。其目的是考察各种风险控制措施产生的实际效果、确定风险减少的程度、监视风险的变化情况，进而考虑是否需要调整风险管理计划及是否启动相应的应急措施等。

监控风险管理计划实施过程的主要内容包括：

（1）评估风险控制措施产生的效果。

（2）及时发现和度量新的风险因素。

（3）跟踪、评估风险的变化程度。

（4）监控潜在风险的发展，监测项目风险发生的征兆。

（5）提供启动风险应急计划的时机和依据。

3.6.4.2　配电网工程风险跟踪检查与报告

（1）风险跟踪检查。跟踪风险控制措施的效果是风险监控的主要内容，在实际工作中，通常采用风险跟踪表格来记录跟踪的结果，然后定期将跟踪的结果制成风险跟踪报告，使决策者及时掌握风险发展趋势的相关信息，以便及时做出反应。

（2）风险的重新估计。无论什么时候，只要在风险监控的过程中发现新的风险因素，就要对其进行重新估计。除此之外，在风险管理的进程中，即使没有出现新的风险，也需要在项目的关键时段对风险进行重新估计。

（3）风险跟踪报告。风险跟踪的结果需要及时报告，报告通常供高层次的决策者使用。因此，风险报告应该及时、准确并简明扼要，向决策者传达有用的风险信息，报告内容的详细程度应按照决策者的需要而定。

第二篇

配电网工程前期管理

第 4 章 配电网工程规划管理

配电网是电网的重要组成部分，其运行状况直接影响用电质量。科学的电网规划管理不仅保证配电网具有充分的供电能力，而且与社会发展和环境保护协调一致，增强了抵御自然灾害等突发事件的能力，同时与城市的各项发展规划相互配合，同步实施，做到与城市规划相协调。

4.1　配电网工程规划管理原则

4.1.1　规划管理总则

配电网规划工作应通过点、面结合的方式进行广泛调研，根据地区配电网发展规律及特点，通过系统分析和研究总结，对未来配电网负荷增长进行预测，提出配电网总体发展目标和原则，分阶段给出建设方案和建设规模，进行投资估算及经济性分析，并提出相应政策建议。

配电网规划应使配电网具有必备的容量裕度、适当的负荷转移能力、一定的自愈能力和应急处理能力、合理的分布式电源接纳能力。同时，应与输电网协调配合，增强各层级电网间的负荷转移和相互支援，构建安全可靠、能力充足、适应性强的电网结构，满足用电需求，保证可靠供电、提高运行效率。

配电网规划设计有高压配电线路和变电站、重压配电线路和配电变压器、低压配电线路、用户和分布式电源 4 个紧密关联的层级。应将配电网作为一个整体系统进行规划，以满足各层级间的协调配合、空间上的优化布局和时间上的合理过渡。

配电网规划应遵循资产全寿命周期成本最小的原则，分析由投资成本、运行成本、检修维护成本、故障成本和退役处置成本等组成的资产全寿命周期成本，对多个方案进行比选，实现电网资产在规划设计、建设改造、运维检修等全过程的整体成本最小。

配电网规划应实行差异化原则，根据不同区域的经济社会发展水平、用户性质和环境要求等情况，采用差异化的建设标准，合理满足区域发展和各类用户的用电需求；适应智能化发展趋势，满足分布式电源及电动汽车、储能装置等新型负荷的接入需求；加强计算分析，提高规划工作质量，提升精益化管理水平，提高配电网投资效益。

4.1.2 规划年限要求

配电网规划年限应与国民经济和社会发展规划年限相一致，一般可分为近期（5 年）、中期（10 年）、远期（15 年及以上）三个阶段，遵循“近细远粗、远近结合”的思路，并建立逐年滚动机制。

其中，近期规划应着力解决当前配电网存在的主要问题，并依据近期规划编制年度计划，35 kV 至 110（66）kV 电网应给出 5 年内的网架规划和各年度新建与改造项目；10 kV 及以下电网应给出 2 年内的网架规划和各年度新建与改造项目，并估算 5 年内的建设规划和投资规模。中期规划应与近期规划相衔接，确定配电网发展目标，对近期规划起指导作用。远期规划应侧重于战略性研究和展望。

4.1.3 规划流程

通常情况下，配电网规划的一般流程包括基础数据收集、配电网问题分析、电力需求分析、配电网工程立项、经济技术分析等，完成这些流程之后，配电网工程项目即可转入后续阶段，即设计（可研、初设）、建设、验收投运等阶段。

4.2 配电网工程规划管理的主要内容

完整合理的配电网规划应包含规划目的和依据、地区经济发展概况、电网现状分析、电力需求预测、电源规划、规划目标和技术原则管理、110 kV 及以下电网建设方案、其他相关规划内容、投资估算与成效分析等主要内容。

4.2.1 规划基础数据管理

1. 规划目的和依据

配电网规划应围绕建设坚强智能电网发展战略目标，结合本地区发展的实际情况、功能定位和远景目标，明确规划的目的和意义。在立足本地区配电网发展现状的前提下，结合配电网建设经验，提出适合本地区的规划思路。同时，还应明确规划涵盖的地域范围、电压等级和规划年限（基准年、水平年、远景年）的划分。配电网规划应根据城乡总体规划、土地利用规划、电网运行基础数据、上级电网规划成果，以及相关的法律、法规、导则和技术要求，确保规划成果依法合规，保证配电网工程项目的合理性、科学性和可行性。

2. 地区经济发展概况

配电网规划是服务于地方经济发展的电网规划，应结合地区的地理位置、行政区划、自然条件、交通条件、资源优势及功能定位等内容，同时分析历年的社会发展历史数据，合理判断经济社会发展趋势，依据地区最新总体规划，提出科学合理、体现地域特点、可行的配电网规划。

3. 配电网现状分析

现状电网是未来电网发展的基础，应通过对现状电网进行深入系统的分析，充分发现当前配电网存在的问题，为提出合理的解决方案奠定基础。完整的配电网现状分析应包括地区负荷和电量等电力需求情况、各类型并网电源情况、各电压等级电网设备规划、网架结构等情况，以及现状指标分析、主要问题分析等情况。

4. 电力需求预测

电力需求预测包括电量预测和负荷预测两部分，应选用不少于3种合适的预测方案进行电量、负荷预测，提出高、中、低方案，并给出推荐方案。具备条件的地区还应开展空间负荷预测和饱和负荷预测。

5. 电源规划

电源接入对地区配电网网架的构建有重要的影响，配电网工程规划应根据政府部门提供的信息，统筹考虑规划期内接入电网的电源规划方案，包括本地区水电、火电资源等常规电源的资源条件和可利用开发程度，以及风能、太阳能、生物质能等新能源电源的资源条件和可利用开发程度。

4.2.2　规划目标和技术原则管理

配电网工程的建设实施是为了搭建科学合理的目标网架，因此需设立切实可行的规划目标以及为实现目标所需遵循的技术原则。配电网规划应根据负荷预测，结合配电网现状，针对不同类别的供电区分类，分别提出配电网在规划期内应实现的总体目标，并根据总体目标提出到规划期末应达到的数据指标，阐述规划期内应重点解决的问题。为便于实现“远近结合”，通过远期目标指导近期规划建设，可在先提出远景目标的基础上，给出规划期内应达到的目标。

为达到规划目标，应对相关的技术原则进行规范管理，包括各电压等级的容载比、电网结构、建设标准和建设形式、主要设备选型和装备水平等方面。

4.2.3　规划项目立项管理

配电网项目的立项是配电网工程建设的源头，配电网工程规划的核心目的就是提出规划期内各电压等级的电网建设方案，并具体落实到逐年逐个电网项目中。具体做法：在边界范围内，根据网供负荷预测结果，对变电和网架项目做出安排，包括建设规模、规划必要性分析、规划合理可行性分析等；同时对按规划建成后的配电网进行潮流计算、N－1校核、短路电流计算等电气计算，以验证项目工程实施后的效果和参数。

与上述一次系统规划需同步进行的还应包括通信系统、独立二次系统等与配电网规划相关的其他专项规划内容，主要涵盖建设原则、建设方案与规模、投资规模、预期建设成果等。

4.2.4　技术经济分析管理

科学合理的配电网工程规划应经得起技术和经济分析的验证。配电网规划技术经济分析管理应根据工程规划投资估算，进行成效分析、经济效益分析及社会效益分析。

1. 投资估算

配电网工程规划投资估算应依据符合当地实际设备价格和工程结算情况的典型单位工程综合造价表来进行，由建设规模核算出投资规模，分电压等级、类别进行统计。

2. 规划成效分析

成效分析需分析规划工程方案实施后配电网的整体改善情况，评价规划效果，说明对规划目标的满足程度，分析的综合性指标包括供电可靠率、综合线损率、综合电压合格率、现状问题解决数量等。对比分析规划项目实施后有关的经济技术指标改善情况，主要技术经济指标包括 N－1 通过率、联络率、网架标准化率、线损率等。

3. 经济效益分析

配电网工程的规划经济效益分析应包括：① 投入效率分析，即根据投资规模、负荷预测结果，计算规划期内本地区电网单位投资的增供负荷、增供电量，对比不同供电分区的差异；② 财务评价，即依据折旧率、贷款利息、运行年限等计算参数的合理假定，测算资产负债率、内部收益率、投资回收周期等财务指标，分析配电网规划方案的经济效益；③ 敏感性分析，即对项目财务状况影响较大的相关因素（如供电量增长速度变化、售电价水平变化等）进行敏感性分析。

4. 社会效益分析

配电网工程的规划应分析项目实施后所发挥的社会效益，包括对经济的刺激和推动作用，对节能减排的贡献，以及解决无电用户通电等在改善社会民生方面发挥的积极作用。

4.3 配电网工程规划管理的主要问题和关键技术

配电网工程规划管理涵盖的范围广，内容繁杂，涉及的专业部门多。经过多年的研究发展，配电网工程规划管理已经形成了一套行之有效的流程和方法，但在实际管理过程中，仍旧出现不少问题。解决配电网工程规划管理的现存问题，除应提高现有人员素质、优化管理流程等外，还需加强对规划管理关键技术的研究应用，以适应不断发展的新型配电网。

4.3.1 配电网工程规划管理的主要问题

1. 基础数据失真

配电网规划涉及的数据面广，涵盖经济社会发展数据、负荷电量数据、电网设备规模及运行数据、电气计算数据等，对庞大的基础数据进行归真管理难度较大，难以保证各个专业提供的数据均真实可信，影响规划项目的精准性和可执行性。

2. 管理和技术人员素质有待提高

随着新材料、新工艺、新技术、新设备的投入，配电网的发展日新月异，传统的管理手段和技术措施已经不能跟上配电网发展更新的速度，原有的经验和技能、理论已经不能适应新型配电网规划的要求，甚至成为阻碍配电网规划发展的绊脚石。与此相对应的是配电网规划工作专业性强，其管理和技术人员的培养周期长，新要求和旧经验已经成为配电网工程规划的主要矛盾之一。

3. 负荷预测准确性不高

在进行负荷预测时仍旧采用传统的预测方法，没有结合现在电网规划管理的实际需求进行必要的优化和创新，致使负荷预测中不准确结果出现的可能性增大，直接影响配电网规划管理的效果，增加了配电网规划管理的压力。如运用于实际运行的电力弹性系数法，即使具备便捷性强的优点，也无法精确地完成数据测量，无法精确地计算出电力弹性系数，导致采用该方法时负荷预测结果准确性难以把握。

4. 配电网工程重复建设现象频繁

许多配电网工程在设计和构建时缺乏对目标网架的研究，很多方案甚至是临时制定的，缺少系统的台账管理，缺乏对建设落地性的合理估计，问题解决方案单一，对于已立项的工程项目，常常出现短期内又重新立项的现象。

4.3.2　配电网工程规划的关键技术

1. 多维数据协同管理技术

（1）基于对电网设备的全寿命周期管理，在大时间跨度下对电网数据进行滚动维护管理，实现规划和现状电网数据的一体化管理以及对任意时间断面电网数据的管理。

（2）基于对供电区域的拓扑分析和等值计算，通过化简或展开供电区域来获得不同电压等级和规模的配电网结构，实现基础数据分电压等级管理。

（3）形成四级数据检查校核体系，通过数据库约束保证数据的完整性，在数据录入界面可检查设备参数的合理性，开发专用程序校核单个设备或区域电网数据的合理性、提取典型时间点的电网数据信息，追溯设备参数演变的全过程。

（4）构建网络化的数据平台和完善的权限管理来实现多用户并发操作和异地协作办公。

2. 图模一体化交互

将传统的 GIS 系统在网络上进行延伸和发展，形成 Web - GIS 技术，实现空间数据的检索、查询，制图输出、编辑等 GIS 基本功能，以及网络上地理信息发布、共享和交流协作等功能。未来形成精确的电网地理接线图，基础数据库中保存各厂站和线路的地理信息即经纬度。系统运行时根据指令从数据库中提取相关厂站位置、线路的走向等信息，形成与基础数据库中网络拓扑一致的图形，通过维护好数据库中的电网设备就可完成 GIS 电网地理接线图的维护和更新。

3. 统一化仿真计算

统一化仿真计算是指在统一平台上基于同一套规划基础数据库实现仿真工具的选择和仿真结果的对比分析。通过屏蔽不同业务细节，把不同仿真软件抽象为统一的服务接口，通过与管理服务器通信，实现对所有软件资源和 Web 资源的调用与整合。功能设计上，采用三层架构开发：表示层是人机交互的接口，通过自定义配置，选择适合的展示方式，实现各种仿真计算功能；中间层负责屏蔽不同业务、不同软件的调用，抽象为统一服务接口，通过和管理服务器通信，实现对各类仿真功能的调用和监视；业务层主要实现对各类仿真软件所有功能的调用，包括 Web 服务、本地 exe 程序、程序通信和文件传输等。

4. 快速潮流调试

潮流计算是电力系统分析的基础，潮流调试则是潮流计算的重要环节。目前，各类规划管理系统已实现负荷安排与自动批量分配、发电厂开机及出力安排、无功平衡与安排等功能以辅助潮流调试。针对目前潮流调试过程中潮流算法不收敛的问题，提出了一种收敛性极好的潮流估算算法，即基于虚拟中点的潮流估算方法，该方法在传统潮流算法不收敛的情况下仍能给出潮流估算结果。该潮流估算方法具有较高的精度，并比常规潮流计算具有更好的收敛性，可基于潮流估算结果自动分析无功平衡和电压分布情况，便于调整无功设备，有助于潮流收敛和优化。

4.4 强化配电网工程规划管理的措施

1. 注重统筹规划管理

在配电网的规划管理过程中，要注重统筹规划管理，可成立配电网规划领导小组，发挥组织小组在配电网建设当中的积极作用。要进一步加快两个转变的发展，加快建设三集五大体系，充分重视智能化的配电网建设目标，从理论上指导供电公司配电网规划工作的良好开展。在配电网规划领导小组的指导下，详细研究配电网运行状态和发展趋势，提出科学发展的策略，及时指出规划当中存在的不足。

2. 完善配电网规划管理动态评价机制

通过动态化的评价，对配电网的规划管理效率加以促进。实现闭环管理模式，将配电网规划和项目后评估体系相结合，对配电网的规划项目实施情况分阶段作评估汇报；并对已经开展的项目进行汇报，认真地分析配电网规划管理中的不足，及时进行客观公正的评价，及时总结经验等。

3. 充分重视规划管理制度的完善和建立

配电网规划管理工作的实施，要有管理制度作为支持，对此，要明确供电公司的配电网规划编制工作的职责及权限，落实规划管理工作的流程规范，对配电网规划管理工作整体水平加以提升。积极落实上级有关配电网规划管理的规定要求，建立完善的规划管理制度，这样才能保障配电网的规划管理水平的提高。

4. 构建完善配电网规划管理控制模式

在配电网规划管理过程中，要充分注重控制效率的提升，由此，建立电力信息收集平台就显得比较重要，这是配电网规划管理水平提高的基础。为促进配电网的规划管理质量提高，规划部门要与其他相关部门加强联系，在技术上深入开展研究，将电力信息收集平台系统的设计研究和实现作为发展的重要方向，和所在地政府合作，加强信息的交流沟通，最大化了解电力配电网的规划管理，建立完善的配电网系统。

5. 科学选择配电网规划方法

在配电网的规划管理过程中，要充分重视方法的科学选择，在空间饱和以及负荷法的应用上就比较重要。要收集政府最新的总体规划和土地利用规划等信息，按照地区负荷特性，结合典型城市负荷密度及负荷指标对配电网进行规划设计。

第 5 章 配电网工程可研设计管理

配电网工程可研设计工作是促进配电网规划落实和确保计划规划有效衔接的重要环节，为全面建设结构合理、技术先进、灵活可靠、经济高效的现代配电网，需加强配电网工程可研设计管理，通过建立健全标准体系，规范配电网工程的可研设计质量，提高工程规划建设水平和投资效益。

配电网工程可研设计管理细分来说，可分为可研管理和设计管理。配电网工程可研管理，即可行性研究管理，侧重从配电网工程必要性的角度来论证规划项目；配电网工程设计管理，即初步设计管理，侧重从配电网工程落地性的角度来论证规划项目。严格来说，进行可研和初设的工程项目均应来自项目规划库中，才能保证项目规划与建设的有效衔接，促使配电网向着规划的目标网架去逐步建成。

5.1 配电网工程可研管理

5.1.1 配电网工程可研管理原则

（1）配电网工程可研设计工作必须贯彻国家的技术政策和产业政策，执行有关设计规程和规定。可研设计工作应采用典型供电模式、典型设计、标准物料、通用造价，促进标准化建设，并应执行行业内配电网规划确定的技术原则。

（2）在进行可行性研究时，应全面、准确、充分收集原始资料和基础数据，并在此基础上展开科学、合理的论证分析。工程技术方案应在电网规划的基础上，重点对工程建设的必要性、可行性进行充分论证，确保工程方案技术和经济的合理性。

（3）工程方案制定应包括配电设备的无功补偿方案；配电设备的选择应具有较强的适应性和可扩展功能，适应智能配电网的发展要求；对于特殊地区（段）、具有高危或重要用户的线路或重要联络线路，可实行差异化设计，提高配电网防灾、抗灾能力。

（4）可研设计工作需运用全寿命周期理念指导配电设备（施）改造，设备改造前应进行论证，并提供运维检修部门出具的设备评估报告。评估报告应满足以下要求：

① 说明设备运行年限、型号或型式，并对与电网现状不匹配或近三年运行中发生故障、给安全运行带来影响等的情况进行分析；

② 进行立即更换、大修和暂缓更换三种方案的论证，并给出明确结论；

③ 根据评估结果，对于仍有再利用价值的配电设备（施），提出再利用方案及建议；

④ 配电设施用地及线路路径宜获得市政规划部门或土地权属单位的书面确认。

5.1.2　配电网工程可研管理内容

配电网工程可研管理的主要内容包括工程概况、工程建设必要性、电力系统一次、电力系统二次、变配电设施方案、线路方案、投资估算和成效分析等方面。

1. 工程概况管理

配电网工程概况管理应包括工程立项背景、工程规模、工程方案等，明确工程所属类别及工程所属供电分区类别，界定给出工程影响的电网范围，同时应根据电网规划合理选定工程设计水平年及远景年。对于工程主要的设计原则，要明确工程采用的典型供电模式、典型设计、标准物料、通用造价等方案。

2. 工程建设必要性管理

工程建设必要性是配电网工程可研管理的核心内容。工程建设必要性主要从现状和发展两个维度去分析考虑，现状维度即电网现状及存在的问题，包括电网网架情况（接线模式、设施设备供电能力、最大允许电流等）、电网设备情况（设备投运日期、型号、规模、健康水平等）、电网运行情况（供电线路（台区）最大负荷、负荷率、最大电流、安全电流等）、工程建设目的（从供电安全性、可靠性、经济性、供电质量等方面提出电网存在的主要问题及协调地方规划建设、用电负荷发展提出电网外部建设环境可能存在的主要问题）等方面；发展维度即考虑地区未来负荷发展而对电网提出的新要求，采用空间负荷预测法、自然增长率法等方法，结合大用户报装情况，给出工程影响的电网负荷预测结果，结合电网发展规划，以远期发展目标指导近期工程建设，确定本工程的定位及应发挥的作用。综合现状维度和发展维度，针对工程影响的电网存在的主要问题，结合项目的地位和作用，确定工程建设必要性。

3. 电力系统一次管理

配电网工程电力系统一次需考虑工程拟采取的方案和备选方案，对采取的方案宜进行潮流计算、短路电流计算、供电安全水平校验等电气计算，确保设备负载率和节点电压、开关设备遮断容量、供电安全水平及供电可靠性要求合格。

对于拟采取的工程方案，宜从技术可行性、经济可行性两个方面论证并优选工程方案：

（1）计算备选方案实施前后的关键技术指标，并对指标进行对比分析，重点分析各方案满足建设目标的程度；

（2）在技术可行的前提下采用最小费用法论证经济可行性，特别适用于涉及站址选择、路径选择、设备选型的方案比选。

4. 电力系统二次管理

配电网工程电力系统二次应同步考虑配电自动化、配电网通信系统方案、通道组织、通信设备配置、通信线路方案、继电保护配置、电能计量配置等事项。

5. 变配电设施方案管理

配电网工程变配电设施应从站址选择、电气系统一次、电气系统二次和土建等4个方面进行方案管理。站址选择要从环境要求、出线条件、海拔高度、污秽等级、环境温度等各方面选择工程的站址方案。电气系统一次包括电气主接线型式选择、绕组接线方式选择、中性点接地方式选择、主要设备选型、电气总平面布置、防雷、接地等内容。电气系统二次包括二次设备布置方案、直流系统选型、元件保护装置的选用和配置方式等内容。土建应结合典型设计方案，考虑本工程站址的地质条件、主要建（构）筑物的名称及总建筑面积、建（构）筑物结构型式、地基处理方案、消防和通风方案，以及进出线通道的预留情况。

6. 线路方案管理

配电网工程线路方案应根据综合饱和负荷状况、线路全寿命周期一次选定线路型号，网架形式的选择要结合目标网架的规划，逐步向其过渡。线路方案的重点在于落实线路的路径廊道方案，这直接影响到工程能否顺利落地。除此以外，还需根据实际情况确定杆塔选型、设备选择、防雷接地措施等技术细节。

7. 投资估算和成效分析管理

配电网工程投资估算是考虑地区设备价格水平和施工综合费用等因素，以综合造价为基础，对总的工程量进行估算。同时要与通用造价进行比较，分别从建筑工程费、设备购置费、安装工程费、其他费用等方面分析差异产生的具体原因，说明造价的合理性。

配电网工程投资成效分析分为技术指标分析和投资效益分析。技术指标分析要与工程建设目的、欲解决的主要问题相呼应，从技术指标方面分析工程投资效果，给出关键指标，作为工程储备库优选排序的参考依据。投资效益分析宜采用定性分析和定量分析相结合的方式，考虑全寿命周期因素，通过计算增供电量效益、可靠性效益、降损效益、投资4类关键指标，分析工程投资效果，作为工程储备库优选排序的参考依据。

5.1.3 配电网工程可研管理的主要问题

1. 项目来源随意性大

按规范来说，配电网工程项目应出自规划项目库，方能保证配电网朝着规划的目标网架去建设。但实际工作中，有的工程项目未出自规划项目库，造成规划方案变动性大，规划成为“空话”，甚至挤压正常规划项目的资金空间。

2. 项目建设必要性不强

配电网工程项目可研阶段的关键在于落实好项目的建设必要性，建设必要性的强弱决定着工程项目是否能解决电网最迫在眉睫的问题。实际工作中，有的项目必要性不强或者必要性叙述不清晰，项目在当年度建设的成效不明显，造成年度投资未能用到“刀刃”上。

3. 项目支持性文件未及时获取

配电网工程项目可研阶段未取得路径批复、国土部门、公路部门、规划部门等政府部门对于项目的支持性文件，该前置条件的缺失，将造成项目建设实施时可能存在的阻碍因素未清除完全，影响项目落地性。

4. 设计标准执行不严

配电网工程项目可研阶段对通用设计、通用设备及最新文件的执行不严格，将影响工程项目标准化建设和物资招标，最终影响工程建设进展。

5.2 配电网工程设计管理

5.2.1 配电网工程初步设计管理原则

（1）配电网工程初步设计应遵循国家行业的各项标准规范、法律法规及上级部门对配电网工程建设的要求；需遵守国家及有关部门颁发的设计文件编制和审批办法的规定；满足“三通一平”建设原则；满足城乡规划、建设用地、水土保持、环境保护、防震减灾、地质灾害、压覆矿产、文物保护及劳动安全卫生等相关要求。

（2）配电网工程初步设计应根据地区规划、经济发展和运行环境等要求，因地制宜、适度超前，适应智能电网的发展要求，本期工程与远期规划相结合，注重整体方案的可行性、合理性，避免重复建设和大拆大建。

（3）未取得路径批复、电缆工程政府出资协议、站房选址意见书等支持性文件的配电网工程原则上不得纳入初步设计审查项目。

（4）初步设计概算不得突破可研估算；施工图预算不得突破初步设计概算。

（5）初步设计工程名称应标准规范并与可研批复工程名称一致，且技术方案与技经文件相统一。

（6）初步设计应达到施工图设计深度，充分考虑工程项目在雷区、污区、鸟区、洪泛区等地域，以及重要交叉跨越等因素的差异化设计，同时应考虑旧物资的回收和利用，对于重要负荷应考虑可靠性供电要求及必要的过渡方案，积极推广新技术、新材料、新设备、新工艺。

5.2.2 配电网工程初步设计管理内容

配电网工程在初步设计阶段，主要内容是通过详细的技术细节体现工程建设的可行性，该阶段的主要管理内容有设计方案选择、标准物料应用、二次系统设计、工程造价、图纸质量、成果要求等。

1. 设计方案选择

（1）配电网工程新建变电站配套出线工程应远近兼顾，负荷规划目标网架站址选择应考虑配套出线方便，出线廊道和方向及排列不得出线交叉和迂回。

（2）10 kV 线路负荷应分配均匀，主干线不宜直接带用电负荷；主干线路的分段分支及联络布局要合理，线路分段和联络应考虑负荷分配和运行方便。

（3）路径方案和杆塔型式的选择应合理，新建工程不宜出现新的“三跨”情况；特殊地段和区域需提交必要的支持资料，避免出现颠覆因素，如河流、滩涂、山脊、山冲

等地段的地勘报告、水文气象资料等；农村地区应尽量避开主干道路，避免出现新的“三线”搭挂；电缆线路应避免在公路行车道内。

（4）配电台区应按“小容量、密布点、短半径”的原则配置，应尽量靠近负荷中心，三相负荷要均衡；户均容量和低压出线满足5年的用电增长需求。

2. 标准物料应用

配电网工程规划建设应执行“标准化、差异化”的原则，标准物料的应用是标准化在设备材料选择上的具体体现。根据工程需要，物料选择应满足典型设计和标准物料目录，尽量减少非标物料的使用，如特殊情况必须使用，则需专项说明。主变容量、线路型号、配变容量等各电压等级设备的选型，应根据实际工程情况在标准可选序列中选择，并满足各类技术标准要求。

3. 二次系统设计

配电网工程初步设计应同步考虑配电自动化、通信网、接入（接口）方案及费用，并且满足工程实际要求。二次系统应与一次系统同步设计、同步建设、同步投运。

4. 工程造价

配电网工程初步设计预算定额应执行国家、行业及地方关于配电网工程预算定额的相关规定，设备材料单价取费应采用最新的招标采购价、当地信息价。值得一提的是，新（扩）建工程及改造工程的工程造价除应计算工程本体新增或改造需列支的费用外，还应考虑因本体工程而引起的相邻电网所做的改造或调整产生的工程费用。

5. 图纸质量

配电网工程初步设计阶段应编写详尽的设计说明书，反应实际的工程量。同时设计说明书、材料汇总表、杆塔明细表要做到图实相符。对于线路的路径图，要使用有最新道路、土地规划等信息的地图。配电网工程主要有总平面布置图、电气主接线图、土建平面布置图、接地网布置图等图纸。

6. 成果要求

配电网工程初步设计成果要求主要有设计说明书、现状图、路径图、电缆通道路径图、电气一次接线图、配电终端原理图、接地网布置图、土建材料清册、杆塔明细表、平（断）面图、导线曲线表、典型设计应用情况统计表、设备材料清册、ERP材料汇总表、工程预算书等若干项。

5.2.3 配电网工程初步设计管理的主要问题

1. 典型设计执行不足

典型设计是经过多年现场的生产运行实践检验不断完善修正形成的，能最大限度地体现生产实际对设计阶段的要求，生产非典型设计的执行将造成电网标准化建设的混乱，加大电网建设的难度和投运后运行维护、操作的难度，甚至在应对未来不良工况时可能对电网产生不可预见的损害。

2. 标准物料使用执行不足

标准物料的选用是建设标准化电网的关键因素，标准物料体现了行业最新的物料选型要求和技术导则要求，非标物料的使用将增加招标采购的难度和设备运行维护的投入力度。

3. 设计方案不合理

合理的设计方案是建设配电网目标网架的指导原则，同时也是施工图设计的重要基础。设计方案不合理将导致施工建设难度加大，取得政府各部门批复的难度也加大。设计方案不合理的具体表现有设备选型不合理、线路架设方式不合理、路径选择不合理、站址选择不合理等。

4. 设计成果错误或缺项

完整的配电网工程初步设计成果体系能全面体现工程的各方面细节，设计成果应严格按照要求提交各类材料，错误或缺项将导致设计成果呈现有误，影响下一阶段工作的开展。

5. 初设投资远超可研投资

配电网工程初步设计是对工程可研的延续和进一步深化，这两个阶段执行的技术、经济指标应具有连贯性和延续性，初设投资远超可研投资意味着项目投资超标或者可研成果不合理，影响项目投资的下达和建设。

6. 初设审查不严

配电网工程初步设计成果需经有资质单位审查合格后才能收口应用，初设审查是衡量设计成果是否执行典型设计、标准物料、目标网架搭建、解决电网问题等关键问题的重要关卡，审查质量受审查人员的专业素质影响较大，审查不严将可能导致建设难度、运行维护难度加大。

5.3 配电网工程可研设计管理提升措施

配电网工程可研设计是配电网工程建设的前置基础条件，应坚持安全、优质、经济、绿色、高效的配电网发展理念，按照“做深可研设计、做优初步设计、做实施工图设计、强化评审把关”的原则，提高工程设计和评审质量，不断夯实工程设计基础，推动配电网高质量发展。

5.3.1 做深可研设计，重点环节达到初步设计深度

配电网工程应重视可研阶段系统方案论证工作，充分收集现有电网运行情况，根据电网规划成果提出两个及以上系统方案进行比选；强化工程本、远期潮流稳定计算，短路电流校核计算，无功平衡计算；根据负荷发展预测及供区划分，先论证明确新建站址系统落点位置，再提出两个及以上可行的工程站址进行比选。

可研阶段应根据电网发展需求和运行经验，结合工程实际情况，开展差异化规划设计，加强电网结构；区分重要变电站、重要输电线路、一般输电线路重要区段，提高抗冰、防风、防舞动、防污设计标准，实施差异化设防方案。

项目业主方落实可研和初设一体化管理要求，加强站址、路径、环评、环保等前期

工作深度，可研阶段推广利用三维技术、无人机航拍影像进行选站、选线工作，实现可研与初步设计的紧密衔接。加强可研过程管控，对新建变电站站址和线路路径重点区段开展现场踏勘，明确重大技术原则和主要技术方案；对于涉及旅游区、中心城区等特殊地段的电网工程，因地制宜开展非典型设计方案比选论证。适时按需开展地灾、压矿、文物调查等专项评估工作，排除影响项目立项的颠覆性因素。

设计单位需加强可研设计深度，强化勘测深度管理。坚持先勘测、再设计的原则，强化勘测设计无缝衔接。变电站要确定站址“四角坐标”和征地红线，输电线路要明确关键路径塔基坐标，特殊地质条件应提供详细地勘报告。新建线路应进行覆冰气象专题研究，细化冰区划分。

设计单位应提升设计理念，关键技术一次落实到位。初步设计所需协议在可研阶段一次性完成；根据电网规划合理确定本期规模及方案，主变容量及线路导线截面应适当留有裕度，原则上变电站按终期规模一次征地，土建构架一次上齐，双母线或多段母线宜一次建成投运；走廊紧张、重要跨越地段架空线路宜按终期规模一次建设到位；设计单位应加强与前期专题评估咨询机构的衔接，各项防治措施在设计方案中一次考虑到位。

建设管理单位提前介入可研设计工作，工程前期与项目前期无缝对接。建设管理单位须将工程前期办事机构业务向前延伸至项目前期工作，全过程参与可研设计与项目核准工作，充分了解项目特性、重要交叉跨越及主要拆迁点，提前组织开展用地手续办理、拆迁工程量摸底、敏感点排查工作，避免因工程前期与项目前期工作脱节而造成项目超长工期、主要支持性文件过期、站址位置调整、线路路径发生较大变动等情况发生。

5.3.2 做优初步设计，落实开工基本条件

设计管理应推进输变电工程标准化与差异化设计相结合。对重要变电站、重要线路以及高海拔、重覆冰、重污秽、微地形、微气象、中心城区等特殊地段实行差异化设计，对于中重冰区及“三跨”线路，设计单位应逐级开展微地形、微气象确认，提高电网本身的安全水平。

建设管理单位要主动参与重要工程、重点部位的勘测，推动“先签后建”工作。优化勘测深度规定执行，加强关键环节把关，优化勘测与设计精准对接，对影响输变电工程建设的厂矿企业及重大赔偿的通道障碍物应在初步设计阶段提前签订相关赔（补）偿拆迁意向性协议，保证工程的顺利进行。

初步设计方案中应细化施工组织设计大纲，主要施工方案与工程自然环境、施工场地、施工装备能力及停电计划等要相匹配，提出施工技术及装备的配置要求。

5.3.3 做实施工图设计，注重与施工有效衔接

做实做细施工图。设计单位在严格执行初步设计批复、施工图设计内容深度规定基础上，做实做细地基处理、高地震烈度地区抗震设计、通道清理、重要交叉跨越等影响工程建设质量的关键技术方案。

贯彻执行“三通一标”“两型三新一化”等基建标准化建设成果要求，开展施工图

"分步设计"。精简通用设备种类，提升设备通用性。应用通用设备优化设计流程（将串行流程改为并行流程），初步设计批复后，即可同步开展设备采购与施工图设计，提高物资申报的准确性。

定期组织工程项目设计质量回访，并形成长效机制。及时发现设计或施工中的某些重大技术及质量问题，根据项目需要制订回访计划并落到实处。

5.3.4　打造精益化评审队伍体系

加强人才队伍建设。项目管理单位要组建专业完备的评审队伍，通过内部专业融合、人员融合和专业体系上下融合、外聘专家等多种方式配齐电气、土建、结构、勘测和技经等专业评审技术人员。建立技术培训和业务指导的常态化机制，每年开展不少于两批次集中培训，组织评审人员参与交叉评审观摩，实行评审人员定期异地岗位交流。

实行项目经理负责制。由项目经理组建专业齐全的评审团队，负责项目设计方案预审、评审、收口、设计质量评价。原则上，项目可研、初设、施工图阶段的评审团队人员要保持延续性，保证重大技术原则和主要设计方案不反复，确保项目建设规模和投资不发生重大偏差。

5.3.5　加强评审全过程管控

严谨细致开展项目评审。采用项目预审与评审相结合机制，严格落实评审前提条件，预审阶段不满足设计深度要求的一律不安排正式评审。正式评审中，与工程相关的各单位各职能部门人员均需参会，对现场提出的问题形成书面意见，强化评审会议签字落责和可追溯管理制度，评审意见中应附评审人员签到表和各单位职能部门人员签到表。对特殊变电站、电缆隧道、大跨越、重冰区线路等技术复杂工程，引进系统内外相关专业的资深专家参与协同评审或委托其他专业咨询机构评审。对于涉及特殊地基处理、重要交叉跨越、临时过渡及停电组织等的关键技术方案严格把关，开展专项评审，确保技术方案科学合理。

建立常态化技术交流机制。定期召开设计评审协调例会，建立发展、建设、调控、设备、物资、安监等部门的常态化技术交流机制，掌握工程在建设中运行中存在的问题，注重结合现场情况、实践经验和运行经验，提出解决措施。

5.3.6　开展设计单位资信评价

定期组织对设计单位开展资信评价，重点评价资质、管理体系、主要设计人力资源、设计软件、工程业绩、设计质量评价结果、财务情况、企业荣誉、设计创新能力等方面，评价结果纳入可研和初设一体化招标工作中，择优选择设计队伍。

5.3.7　设计质量评价和考核

1. 设计质量评价

工程设计质量评价主要分为两个阶段：可研阶段（30%权重）、设计阶段（70%权重，其中初步设计占35%、施工图设计占35%）。评价结果与设计合同执行挂钩。按照可研和初设一体化招标工程的要求，可研合同和设计合同分开签订，分阶段执行。可研阶段质量评分60分以下的，终止可研合同执行，采用预中标第二排名单位确定新的可研和设计单位。设计阶段质量评分60分以下的，终止设计合同执行，采用预中标第二排名单位确定新的设计单位。相应阶段质量评分60分以上80分以下的，对设计单位负责人进行约谈，责令其整改。同一家设计单位，一年内出现2个及以上项目设计质量得分60分以上80分以下的，暂停授标1个批次；一年内出现1个项目设计质量得分60分以下的，暂停授标1个批次；一年内出现2个及以上项目设计质量得分60分以下的，暂停授标1年。

2. 设计质量考核

由于设计责任造成以下情况的，评价结果纳入可研和初设一体化招标工作中，并在招标文件以及合同中予以明确：

（1）设计深度不足，致使工程设计方案存在较大缺陷，造成50万元以上经济损失的，暂停授标1个批次，其项目设计总工程师1年内不接受其作为本单位系统工程项目的项目负责人。

（2）设计深度严重不足，致使工程设计方案存在重大缺陷，造成200万元以上经济损失的，暂停授标1年，其项目设计总工程师3年内不接受其作为本单位系统工程项目的项目负责人。

（3）因设计原因造成110 kV及以下线路断线、电铁牵引站单回失压等较大质量事件的，暂停授标1个批次，其项目设计总工程师1年内不接受其作为本单位系统工程项目的项目负责人。

（4）同一设计单位出现同类设计事故2次及以上的，暂停设计单位设计资质，未经同意擅自对外分包的或将勘察设计工作转包的，本单位有权解除相应阶段的合同，并暂停授标1年。

5.3.8 评审质量评价考核

按季度对评审队伍评审质量进行抽查评价，抽查比例不低于项目数量的10%。评审质量评价主要包括设计评审服务质量评价（40%权重）和技术质量评价（60%权重）。评价结果根据得分划分为以下4个等级：优秀（得分≥90分）、良好（90分>得分≥75分）、合格（75分>得分≥60分）、不合格（60分>得分）。评价考核的结果为合格的，扣罚评审合同金额的20%；评价考核的结果为不合格的，扣罚评审合同金额的40%。评价结果作为评审单位和人员的业绩考核依据。

第 6 章

配电网工程前期工作管理

配电网工程前期工作管理是配电网工程建设环节中不可或缺的一部分，决定了工程的存在与否及能否继续发展，同时也能预测工程投资效果，影响资金的投入及控制情况。就整个配电网工程项目的工作量而言，前期工作可占整体工作的70%。因此，做好配电网工程前期工作，对于配电网工程项目的顺利推进、扫除工程阻碍、确保工程质量具有重要意义。

6.1　配电网工程前期工作的主要内容

配电网工程前期工作管理的目的是通过加强和细化工程项目前期管理工作，保证工程按照规划设计方案顺利进行，以实现工程项目建设的三个目标，即质量目标、投资目标和进度目标。

配电网工程前期工作按照管理流程可分为设计招标、可研开展、支持性文件取得、可研评审批复、项目核准、初设开展、初设审查批复等内容。

6.1.1　设计招标

在确定好配电网规划项目库项目后，即可开始进行设计单位招标工作，通过招投标程序选择符合条件的有资质的设计单位，承担本地区的配电网工程项目设计工作。设计招标时可在设计单位资质级别、以往业绩、成果要求、有无不良记录等方面设置条件，以招到水平层次较高的设计单位。

6.1.2　可研开展

设计招标工作完成后，设计单位即开始进场开展配电网工程的可行性研究工作。配电网工程的可研工作侧重于对工程项目的必要性进行研究分析，深度需达到配电网工程可研深度要求。配电网工程开展可研工作的项目原则上需来自于规划项目库，方能支撑配电网目标网架建设。可研阶段应根据可行性、轻重缓急等因素对规划项目进行排序，作为特定投资边界内项目建设先后顺序的界定条件。

6.1.3 支持性文件取得

在可研开展阶段，设计单位应连同业主单位一起取得政府方面对配电网工程项目的各个支持性文件，包括政府能源、规划、公路、水利、城管、交通、文广、林业等部门的支持性文件。未取得支持性文件的工程项目不得参加评审。

6.1.4 可研评审批复

设计单位在完成可研设计任务后，即可根据时间安排参加可研评审。业主单位通过评审专家组在技术、管理等各个细节方面评判工程项目的设计是否符合要求，设计单位根据评审专家组提出的修改意见修改后参加可研收口评审。收口评审通过后，业主单位将委托有资质的单位对设计单位的可研项目进行批复，未取得可研批复的项目不得开展下一个阶段的工作。

6.1.5 项目核准

在取得可研批复后，业主单位将项目上报至当地发改委进行核准，以取得发改委对工程项目的认可和同意，表明项目符合国家法律、法规和各项政策，符合国民经济和社会发展规划、行业规划、城市总体规划、产业政策和行业准入标准、土地利用总体规划，未影响国家及区域经济安全，未影响生态环境和公众利益等。

6.1.6 初设开展

完成前述工作后，业主单位随即委托设计单位（一般为可研阶段设计单位）进行配电网工程项目的初步设计。初步设计阶段重点解决的是设计方案的落地性问题，设计方案要避开密集人群及建筑、基本农田、自然景区以及工农矛盾突出的区域，避免造成设计方案在建设阶段实施时推进困难。初步设计投资不应超出可研投资过多。

6.1.7 初设审查批复

初步设计完成后，设计单位即可携成果参加业主单位组织的初步设计评审。与可研评审类似，业主单位通过初步设计评审专家组对技术、管理标准的严控来实现对项目要求的把控。同样，设计单位根据评审专家组的修改意见进行修改完善，直至完成初设收口评审。初设收口后业主单位委托有资质的单位对项目初设成果进行批复，至此配电网工程前期工作告一段落，相关工作随之转入建设阶段。

6.2 配电网工程前期工作管理的主要问题

6.2.1 专业管理力量不足

伴随着经济的发展，配电网建设的各种要求也在与时俱进，这便要求配电网建设前期管理工作的相关管理人员随时更新自己的认知，实时掌握管理观念及相关理论。目前来看，我国的管理人员当中有部分仍保留着旧的管理理念，难以承担起目前配电网建设的管理工作，导致配电网建设的速度和质量差强人意。

6.2.2 站址廊道资源紧缺

随着近年来土地价值的不断提升，加上可开发利用的土地资源有限，各方利益角力日益激烈，配电网建设用地也越来越紧张，想要在有限的土地资源上建设更多的配电网实属困难。很多项目不是直接服务于本地，导致项目经过的村镇和居民参与的积极性不高，项目实施缺乏支持力。

6.2.3 配电网规划与城乡规划不匹配

诸多地区城乡规划严重滞后于配电网建设，政府一方面要求电力规划服从城乡规划，另一方面又提出电力建设要先行于经济发展，很多地块、道路还存在于规划图纸上，但电力的需求却远远快于其规划建设速度，导致配电网建设站址廊道难以落实。

6.2.4 工程造价计算不准确

在工程前期管理的过程中，很多工作分支都会产生意外，而如果没有针对这些问题进行提前预控则很容易出现更多问题。在工程建设的过程中，如果对工程造价没有进行良好预算，会导致预算与实际造价不相符，尤其是管理人员如果没有针对市场的费用进行深入调研，会导致预算计算过程与实际市场脱节，此外对于人工费用、机械费用、使用费用、材料费用若没有进行全面评估，也将导致工程施工效果不理想。在工程初步建立的过程中，会因为预算过于简单而导致工程精确程度受到影响。此外还有一种情况，业主单位没有根据实际的资金状况进行充分研究而盲目建设，造成工程造价过高，如果不能及时进行汇报，也会导致严重的烂尾工程状况，从而无法完成施工。

6.2.5 工程造价不科学

在配电网工程建设的过程中，由于缺乏科学预算，而国家也没有针对造价预算进行合理的规划，很容易导致估算、概算及预算的成本过高，不能很好地进行工程造价管理。所以必须依据《配电网工程建设预算编制与计算规定》对配电网工程的实际情况进行深入分析，制定科学的预算方法，保证电力企业能够更加准确地进行划分。

另外，在配电网工程前期造价管理的过程中，由于相关人员没有根据实际建设情况进行充分讨论，所以无法制定科学合理的建设报告，很容易导致建设资金的最低标准与实际不相符。同时，在前期设计的过程中，由于设计人员没有针对图纸的完整程度与工程质量进行重点分析，无法充分利用图纸，容易导致造价不理想。

6.2.6 总体规划深度不足

总体规划是建设和发展的战略性文件，在实践中，各方面对其深度与广度的认识是不一致的，多数总体规划在指导详细规划和建设管理方面不能充分发挥应有的作用，不具备科学性和综合性，没有达到应有的深度，给建设事业造成了不必要的浪费。同时，总体规划是城市发展的战略性部署，但是如在完成编制后未能及时、密切结合城市区域性发展实际，依据负荷簇群特征分布及时滚动修编总体规划，将给未来战略性投资带来极大的风险，导致工程建设连续性差。

6.2.7　工程项目前期链条冗长

从需求提报到规划立项，项目可研到项目设计，招投标到施工进场，整个配电网工程流程烦琐且耗时。随着地方经济的快速发展，当项目正式实施时部分现场环境及社会关系已经发生改变，难以按照既定的项目设计方案及投资完成工程建设任务。例如，受农村房屋修建、规划道路路径变更、政府政策文件修编等不可控因素影响，工程实施过程中将遭遇物资短缺、协调困难、百姓阻工等麻烦，进而影响工程施工进度，并牵连出各种各样的棘手问题，无形中会增加工程管理难度，延缓甚至影响工程实施成效，对推动社会经济发展造成负面影响。

6.2.8　其他方面的管理问题

通常来说，在工程前期造价管理方面，还受到多方面因素的影响。同时，在配电网工程规划阶段，业主单位必须开展大量的调研工作，针对工程的实际运行情况进行分析，更应该针对工程的规划进行充分协调。

此外，在配电网工程项目审批的过程中，由于很多企业受到利益驱动没有针对具体内容进行详细分析，导致整个工程造价缺乏管理，若在项目审批通过之前就开始施工，没有针对审批结果进行科学判断，会影响配电网工程的施工质量。配电网工程项目建设，往往因为缺少科学合理的计算方法，导致施工方案设计和工程投资存在不足，但是很多电力企业没有针对概算进行重点把控，造成概预算环节存在走形式的问题。

6.3　配电网工程前期工作管理的提升措施

6.3.1　采用科学的管理模式

在配电网工程前期管理的过程中，采用科学的管理模式可以有效提高建筑工程的整体质量，也能够有效保障电力企业配电网工程项目的整体质量，通过制定与实际情况相符的工程前期管理模式，可以落实电力企业配电网工程前期管理的具体要求。在制定配电网工程前期管理模式的过程中，电力企业必须保障电力企业配电网工程前期管理制度的创新与发展。目前来看，我国大多数电力企业配电网工程前期管理制度还存在很多问题，例如，整体的工程前期管理质量无法得到保证，在实际实施的过程中缺乏科学合理的参考依据等。通过完善工程前期管理制度能够做到工程前期管理有章可循，切实将工程前期管理落实到具体的施工环节中。

同时，在电力企业配电网工程前期管理的过程中，必须积极针对管理人员的职责进行重点分析，让每一个管理人员都能够充分发挥自己的职能优势，及时纠正各个施工工序存在的问题与不足，保证电力企业配电网工程前期管理的效率。

此外，电力企业还应该对项目经理制进行全面管理，将具体的责任落实到个人。在项目经理制开展的过程中，电力企业必须将总经理作为主要领导，并且对各项目经理进行合理调配，保证项目内容的实际情况得到全面落实。通过项目经理对项目内容进行直接管理，能够保证总经理共同进行项目管理。

6.3.2　加强规划的综合性与预见性

总体规划要对城市各项建设进行合理布局，平衡各项矛盾，确定发展方向，安排分期建设计划，其内在联系按照“有计划、按比例发展”的原则和技术上彼此相互制约的关系相互作用。因此，规划者必须有高度的综合性，全面概括各个方面的矛盾，统筹兼顾，综合平衡，才能达到总体规划的要求。同时，业主单位还要从政治、经济、技术、艺术等各个方面去研究规划方案，不能片面地从某一个角度决定，而要考虑生产与生活、城市与乡村、局部与整体、近期与远期、平时与战时、需要与可能和重点与一般等方面的关系，论证规划方案的合理性。在结构布局上，电力企业不但要考虑平面结构，而且要考虑立体结构；不但要有空间的概念，而且要有时间的概念，才能达到综合平衡的目的。

通常情况下，城市总体规划是在没有确定国民经济长远规划的情况下制定的，而城市规划的周期比经济计划长，因此，电力企业要做出科学的规划，预见几十年以后的未来。规划工作者必须深入调查研究，分析各项要素，推断未来的发展，绝不能依赖现成的依据，等待计划资料。同时，电力企业要运用自然科学和社会科学的成就，遵照自然辩证法，掌握发展规律，使规划方案经得起历史的考验。作为一个城市规划工作者，要站得高、看得远，具有丰富的想象力和科学的预见能力。没有预见就没有长远规划，没有改造大自然的气魄就谈不上改变现状，创造美好的未来。当然，这个预见是要建立在科学基础上的，不能无边际地空想，脱离实际，而要充分重视经济的合理性，要有实事求是的科学态度，要讲求实效，并滚动修编。

6.3.3　加强管理队伍建设

在电力企业配电网工程前期管理的过程中，工程施工人员发挥着重要的作用，所以施工人员的管理水平直接影响电力企业配电网工程前期管理的整体水平。因此，电力企业要加强管理队伍建设，保证广大管理人员的责任心和执行力，对于房地产管理的细节工作进行有效处理，避免出现问题或者事故时无法找到对应的责任人。在进行工作划分的过程中，电力企业在选择项目团队的过程中要保持严谨，不但要分析施工单位的整体施工能力，还要增强施工单位的责任意识，才能促进工程前期管理工作更加规范。

6.3.4　借助科技手段科学管理工程项目前期

在项目前期阶段，工作人员应利用手持定位仪终端绘制现场地理接线图及初步设计图，储存记录现场环境、群众意见等现场照片及勘察情况的录音，并通过专业技术软件处理，统一归档、上载至系统服务器进行动态管理。同时，通过配套造价软件，根据地形地貌、海拔高度等外部环境，获取运输、耗材、施工等取费定额，快速生成项目设计概算书、建议书、材料表等项目资料，从技术层面减少人工耗时。此外，电力企业要推行项目需求环节、可研、设计一体化的管理模式，将项目设计环节提前至项目需求阶段，一方面可进一步减少可研与设计的差异，另一方面可缩短可研批复至设计、概算批复的周期，从而实现减少前期耗时、缩短管理链条的目标。

第三篇

配电网工程建设管理

第 7 章

配电网工程造价管理

7.1　配电网工程造价的费用构成

7.1.1　配电网工程总投资与造价定义

配电网工程总投资是为完成工程项目建设并达到使用要求或生产条件，在建设期内预计或实际投入的全部费用总和。配电网工程造价基本构成包括用于购买工程项目所含各种设备的费用，用于建筑施工和安装施工所需支出的费用，用于委托工程勘察设计应支付的费用，用于购置土地所需支出的费用，也包括用于建设单位自身进行项目筹建和项目管理所花费的费用等。总之，配电网工程造价是指在建设期预计或实际支出的建设费用。

配电网工程总投资包括建设投资和建设期利息两部分（工程造价 = 建设投资 + 建设期利息）；配电网工程总投资与工程造价在量上相等。根据国家能源局发布的《20 千伏及以下配电网工程建设预算编制和计算规定》（2016 年版）的规定，配电网工程建设预算包括建筑安装工程费用、工程建设其他费用和建设期贷款利息三部分。建筑安装工程费用是指建设期内直接用于配电网工程建筑、设备购置及其安装的建设投资，可以分为建筑安装工程费和设备购置费。工程建设其他费用是指建设期发生的为项目建设或运营必须发生的但不包括在工程费用中的费用。建设期贷款利息是指筹措债务资金时，在建设区内发生并按照规定允许在投产后计入固定资产原值的利息。

7.1.2　现行配电网工程费用组成要素与项目划分

7.1.2.1　配电网工程建设造价分类

根据配电网工程造价管理的每个阶段，采用不同的计价依据可分为投资估算、初步设计概算、施工图预算、竣工结算和财务决算。根据国家能源局发布的《20 千伏及以下配电网工程建设预算编制和计算规定》（2016 年版）的规定，以具体建设工程项目为对象，依据不同阶段设计，采用相应的估算指标、概算定额、预算定额等计价依据，对工程各项费用进行预测和计算。

7.1.2.2 配电网工程按费用构成划分

1. 建筑工程费用

建筑工程费用是指对构成配电网工程建设项目的各类建筑物、构筑物等设施工程进行施工，使之达到设计要求及功能所需要的费用。

2. 安装工程费用

安装工程费用是指对配电网建设项目中构成生产工艺系统的各类设备、管道、线缆及其辅助装置的组合、装配和调试，使之达到设计要求及功能所需要的费用。

建筑安装工程包括建筑工程和安装工程。建筑安装工程费用是指对构成配电网项目的基础设施、工艺系统及附属系统进行施工、安装、调试，使之具备生产功能所需要的费用，包括建筑工程费和安装工程费，由直接费、间接费、利润、编制基准期价差和税金等组成。

（1）直接费是指建筑安装产品生产过程中直接消耗在特定产品对象上的费用，包括直接工程费和措施费。其中，直接工程费是指按照正常的施工条件，在施工过程中耗费的构成工程实体的各项费用，包括人工费、材料费和施工机械使用费。其中，人工费是指直接支付给从事建筑安装工程施工的生产人员的各项费用，包括基本工资、工资性补贴、辅助工资、职工福利费、生产人员劳动保护费等；材料费是指施工过程中耗费的主要材料、辅助材料、构配件、半成品、零星材料，以及施工过程中一次性消耗材料及摊销材料的费用。《20 kV 及以下配电网工程定额和费用计算规定》（2016 年）中将材料划分为主要材料和消耗性材料两大类，其价格均为预算价格。

（2）措施费是指为完成配电网工程项目施工，发生于该工程施工和施工过程中非工程实体项目的费用。措施费主要包括：冬雨季施工增加费、夜间施工增加费、施工工具用具使用费、特殊地区施工增加费、临时设施费、安全文明施工费等。

（3）间接费是指在建筑安装产品的生产过程中，为全工程项目服务而不直接消耗在特定产品对象上的费用，由规费和企业管理费组成。规费是指按国家行政主管部门或者省级人民政府和省级有关权力部门规定必须缴纳并计入建筑安装工程造价的费用，包括社会保险费、住房公积金，其中的社会保险费包括养老保险费、失业保险费、医疗保险费、生育保险费、工伤保险费；企业管理费是指建筑安装施工企业组织施工生产和经营管理所发生的费用，主要包括管理人员工资，办公经费，差旅交通费，劳动补贴费，员工招募及队伍调遣费，工会经费，职工教育经费，固定资产使用费，财产保险费，管理用/工具使用费，工程点交、复测、场地清理费，检验试验费，工程资料电子化配合工作费，工程保护与现场物资看管费，税金，工程排污费，危险作业意外伤害保险，投标费，技术转让与技术开发费，公证费，法律顾问费，咨询费，业务招待费，施工期间沉降观测费，施工期间工程二级测量网维护费，等等。

（4）利润是指施工企业完成所承包配电网工程获得的盈利。

（5）编制基准期价差是指项目预算编制基准期价格水平与电力行业定额与造价管理部门规定的取费价格之间的差额。编制基准期价差主要包括人工费价差、材料价差、施工机械使用费价差。

（6）税金是指按照国家税法规定应计入建筑安装工程造价内增值税的销项税额。

3. 设备购置费

设备购置费指购置组成工艺流程的各种设备，并将设备自供应商交货地点运至项目管理单位集中存储仓库或直接运至施工现场指定位置所支出的相关费用。它包括设备费、设备运杂费、设备集中配送费。

4. 其他费用

其他费用指完成工程项目建设所必需的不属于建筑工程费、安装工程费、设备购置费和基本预备以外的其他相关费用，包括建设场地征用及清理费、项目建设管理费、项目建设技术服务费、生产准备费等。

5. 基本预备费

基本预备费指因设计变更而增加的费用、一般自然灾害可能造成的损失和预防自然灾害所采取的临时措施费用，以及其他不确定因素可能造成的损失和预留的工程建设资金。

6. 动态费用

动态费用主要是指建设期贷款利息和价差预备费。建设期贷款利息指项目法人筹措债务资金时，在建设期内发生并按照规定允许在投产后计入固定资产原值的利息。

7.2　配电网工程造价的计价依据与方法

7.2.1　配电网工程计价的基本原理与依据

配电网工程计价是指按照法律、法规和标准规定的程序、方法和依据，对配电网工程项目实施建设的各个阶段的工程造价及其构成内容进行预测和确定的行为。配电网工程计价依据是指在工程计价活动中，所要依据的与计价内容、计价方法和价格标准相关的工程计量计价标准、工程计价定额及工程造价信息等。配电网工程计价包含三个含义：

（1）配电网工程计价是工程价值的货币形式。按照规定的计算程序和方法，用货币的数量表示配电网工程的价值。配电网建设项目兼具单件性与多样性的特点，工程计价是自下而上的分部组合计价，将整个项目进行分解，划分为单项、分部、分项工程，并分别计算出基本构造要素的费用。

（2）配电网工程计价是投资控制的依据。投资计划按照建设工期、工程进度和建设价格等逐年分月制订，正确的投资计划有助于合理有效地使用资金。工程计价的每一次估算对下一次估算都是严格控制的。具体来说，后一次估算不能超过前一次估算的幅度。工程计价基本确定了资金的需要量，从而为筹集资金提供了比较准确的依据。

（3）配电网工程计价是合同价款管理的基础。发包人按合同约定的计算方法确定形成的合同约定金额、变更金额、调整金额、索赔金额等各工程款额的总和。合同价款管理的各项内容中始终有工程计价的存在：在签约合同价的形成过程中有招标控制价、投标报价以及签约合同价等计价活动；在工程价款的调整过程中，需要确定调整价款额度，工程计价也贯穿其中；工程价款的支付仍然需要工程计价工作，以确定最终的支付额。

7.2.2 配电网工程计价基本程序

7.2.2.1 工程概预算定额编制的基本程序

配电网工程概预算的编制是通过国家能源局发布的《20千伏及以下配电网工程建设预算编制和计算规定》(2016年版)及配套的概预算定额，对工程项目进行计价的活动。

如以定额法进行概预算编制，则应按概算定额或预算定额规定的定额数目，逐项计算工程量，套用概预算定额单价确定直接费，然后按规定的取费标准确定间接费，再计算利润和税金，经汇总后即为工程概预算投资。工程概预算单位价格的形成过程，就是依据概预算定额所确定的消耗量乘以定额单价或市场价，经过不同层次的计算形成造价的过程。

7.2.2.2 工程量清单计价的基本程序

配电网工程量清单计价活动涵盖施工招标、合同管理、以及竣工交付全过程；主要包括：编制招标工程量清单、招标控制价、投标报价，确定合同价，进行工程计量与价款支付、合同价款的调整、工程结算和工程计价纠纷处理等活动。配电网工程量清单计价的过程可以分为两个阶段，即工程量清单的编制和工程量清单的应用两个阶段。

工程量清单计价的基本原理：按照工程量清单计价规范规定，在建筑安装专业工程计量规范规定的工程量清单项目设置和工程量计算规则基础上，针对具体工程的施工图纸和施工组织设计计算出各个清单项目的工程量，根据规定的方法计算出综合单价，并汇总各清单合价得出工程总价。

综合单价是指完成一个规定清单项目所需的人工费、材料和工程设备费、施工机具使用费和企业管理费、利润，以及一定范围内的风险费用。风险费用是隐含于已标价工程量清单综合单价中，用于化解发承包双方在工程合同中约定的风险内容和范围的费用。

7.2.3 配电网工程的定额计价

配电网工程概预算编制的基本方法和程序：

每一计量单位建筑安装产品的基本构造要素的直接工程费单价 = 人工费 + 材料费 + 施工机具使用费

式中：人工费 = Σ（人工工日数量 × 人工单价）

材料费 = Σ（材料消耗量 × 材料单价） + 工程设备费

施工机具使用费 = Σ（机械台班消耗量 × 机械台班单价） + Σ（仪器仪表台班消耗量 × 仪器仪表台班单价）

单位工程直接费 = Σ（假定建筑产品工程量 × 工料单价）

单位工程概预算造价 = 单位工程直接费 + 间接费 + 利润 + 税金

单项工程概预算造价 = Σ单位工程概预算造价 + 设备工器具购置费

配电网工程概预算造价 = Σ单项工程的概预算造价 + 工程建设其他费 + 建设期利息

7.2.4　配电网工程量清单计价

7.2.4.1　配电网工程量清单计价的内容

分部分项工程费 = Σ（分部分项工程量 × 相应分部分项综合单价）

措施项目费 = Σ各措施项目费

其他项目费 = 暂列金额 + 暂估价 + 计日工 + 总承包服务费

单位工程报价 = 分部分项工程费 + 措施项目费 + 其他项目费 + 规费 + 税金

单项工程报价 = Σ单位工程报价

建设项目总报价 = Σ单项工程报价

7.2.4.2　配电网工程量清单计价的作用

（1）为投标单位提供一个平等的竞争条件。

实施配电网工程量清单报价就为投标者提供了一个平等竞争的条件，相同的工程量，由企业根据自身的实力来报不同的单价。投标人的这种自主报价，使得企业的优势体现到投标报价中，可在一定程度上规范建筑市场秩序，确保工程质量。

（2）满足市场经济条件下竞争的需要。

招投标过程中，招标人提供工程量清单，投标人根据自身情况确定综合单价，利用单价与工程量逐项计算每个项目的合价，再分别填入工程量清单表内，计算出投标总价。单价的高低直接取决于企业管理水平和技术水平的高低，这种局面促成了企业整体实力的竞争。

（3）有利于提高工程计价效率，能真正实现快速报价。

采用工程量清单计价方式，各投标人以招标人提供的工程量清单为统一平台，结合自身的管理水平和施工方案进行报价，这种方式促进了各投标人企业定额的完善和工程造价信息的积累和整理。

（4）有利于工程款的拨付和工程造价的最终结算。

中标后，业主要与中标单位签订施工合同，中标价就是确定合同价的基础，投标清单上的单价就成了拨付工程款的依据。业主根据施工企业完成的工程量，可以很容易地确定进度款的拨付额。工程竣工后，根据设计变更、工程量增减等项目，业主也很容易确定工程的最终造价，可在某种程度上减少业主与施工单位之间的纠纷。

（5）有利于业主对投资的控制。

采用现在的施工图预算形式，业主对因设计变更、工程量的增减所引起的工程造价变化不敏感，往往等到竣工结算时才知道这些变更对项目投资的影响有多大，但此时常常为时已晚。而采用工程量清单报价的方式则可对投资变化一目了然，在要进行设计变更时，能马上知道它对工程造价的影响，业主就能根据投资情况来决定是否变更或进行方案比较，以决定最恰当的处理方法。

7.2.5 配电网工程造价信息

7.2.5.1 配电网工程造价信息的特点

(1) 区域性。预制品及沙、石、水泥等建筑材料大多质量重、体积大，因而运输量大，费用也较高，尤其不少材料本身的价值或生产价格并不高，但所需的运输费用却很高，这都在客观上要求尽可能就近使用预制品与建筑材料。因此，这类信息的交换和流通往往限制在一定的区域内。

(2) 多样性。配电网工程具有多样性的特点，要使工程造价管理的信息资料满足不同特点项目的需求，在信息的内容和形式上应具有多样性的特点。

(3) 专业性。工程造价信息的专业性集中反映在配电网工程的专业化上，例如保护设备、计量设备等工程，所需的信息有其专业特殊性。

(4) 动态性。工程造价信息需要经常不断地收集和补充新的内容，进行信息更新，真实反映工程造价的动态变化。

(5) 季节性。由于生产受自然条件影响大，施工内容的安排必须充分考虑季节因素，使得工程造价的信息也不能完全避免季节性的影响。每批次招标价格不一样。

7.2.5.2 工程造价信息的主要内容

从广义上说，所有对配电网工程造价的计价和控制过程起作用的资料都可以称为工程造价信息，如各种定额资料、标准规范、政策文件等；但最能体现信息动态性变化特征，并且在工程价格的市场机制中起重要作用的工程造价信息主要包括价格信息、工程造价指数和已完工程信息三类。

(1) 价格信息：配电网工程常用的是装置性材料中的建筑材料、安装材料。在材料价格信息的发布中，应披露材料类别、规格、单价、供货地区、供货单位及发布日期等信息，包括各种建筑材料、安装材料、人工工资、施工机械等的最新市场价格。

(2) 工程造价指数：工程造价指数（造价指数信息）是反映一定时期价格变化对工程造价影响程度的指数，包括各种单项价格指数、设备/工器具价格指数、建筑安装工程造价指数、建设项目或单项工程造价指数。

(3) 已完工程信息：已完或在建工程的各种造价信息，可以为拟建工程或在建工程造价提供依据。这种信息也可称为工程造价资料，如配电网工程典型造价。

7.2.5.3 配电网程造价信息化目前存在的问题

(1) 信息发布、更新不及时，信息准确度不足。由于我国工程造价信息采集技术依旧落后，各地区的工程造价信息系统与智能化数据库没有有机结合，使得信息的收集、整理、加工发布的工作很多需要人工完成，且采样点少，信息量不足，花费时间长，更新滞后，不能真实反映造价信息实际动态，降低了信息的时效性。

(2) 没有充分利用已完工工程资料。工程造价咨询企业对已完工配电网工程资料的信息收集不重视，即使收集了已完工程资料，也未对已完工工程资料进行分类整理与分析，导致大量的造价信息得不到整理和加工，使信息的价值不能很好地得到利用，不能对类似工程起到指导或借鉴的作用。配电网工程项目后评估没有推广实施应用。

7.3　配电网工程决策和设计阶段的预测

7.3.1　配电网工程决策与投资估算编制

7.3.1.1　配电网工程决策

1. 配电网工程决策的概念与重要性

项目决策是指投资者在调查分析、研究的基础上，选择和决定投资行动方案的过程，是对拟建项目的必要性和可行性进行技术经济论证，对不同建设方案进行技术经济比较并作出判断和决定的过程。项目决策的正确与否，直接关系到项目建设的成败，关系到工程造价的高低及投资效果的好坏。总之，项目投资决策是投资行动的准则，正确的项目投资行动来源于正确的项目投资决策，正确的决策是正确估算和有效控制工程造价的前提。

2. 配电网工程决策与工程造价的关系

（1）决策的正确性是工程造价合理性的前提。

项目决策正确，意味着对项目建设作出科学的决断，优选出最佳投资方案，达到资源的合理配置，在此基础上合理地估算工程造价，在实施最优投资方案过程中，可有效控制工程造价。项目决策失误，如项目选择失误、建设地点选择错误，或者建设方案不合理等，会带来不必要的资金投入，甚至造成不可弥补的损失。因此，为达到工程造价的合理性，事先就要保证项目决策的正确性，避免决策失误。

（2）决策的内容是决定工程造价的基础。

决策阶段是项目建设全过程的起始阶段，决策阶段的工程计价对项目全过程的造价起着宏观控制的作用。决策阶段各项技术经济决策，对该项目的工程造价有着重大影响，特别是建设标准的确定、建设地点的选择、工艺的评选、设备的选用等，直接关系到工程造价的高低。据有关资料统计，在项目建设各阶段中，投资决策阶段影响工程造价的程度最高，达到70%～90%。因此，配电网工程决策阶段是决定配电网工程造价的基础阶段。

（3）决策的深度影响投资估算的精确度。

投资决策是一个由浅入深、不断深化的过程，不同阶段决策的深度不同，投资估算的精度也不同。如在配电网工程规划和项目建议书阶段，投资估算的误差率在±30%左右；而在可行性研究阶段，误差率在±10%以内。在项目建设的各个阶段，通过工程造价的确定与控制，形成相应的投资估算、设计概算、施工图预算、合同价、结算价和竣工决算价，各造价形式之间存在着前者控制后者、后者补充前者的相互作用关系。因此，只有加强项目决策的深度，采用科学的估算方法和可靠的数据资料，合理地计算投资估算，才能保证其他阶段的造价被控制在合理范围，避免“三超”现象的发生，继而实现投资控制目标。

（4）工程造价的数额影响项目决策的结果。

配电网工程决策影响着配电网工程造价的高低，反之亦然。配电网工程决策阶段形成的投资估算是进行投资方案选择的重要依据之一，也是决定项目是否可行及主管部门进行项目审批的参考依据。因此，配电网工程投资估算的数额，从某种程度上也影响着配电网工程决策。

3. 影响配电网工程造价的主要因素

在配电网工程决策阶段，影响配电网工程造价的主要因素包括建设规模、建设地点、技术方案、设备方案、工程方案、环境保护措施等。

（1）建设规模：配电网工程决策阶段应选择合理的建设规模，以达到满足供电可靠性和供电质量的要求。

（2）建设地区：一般情况下，确定配电网建设项目的具体站址或线路走廊，需要经过建设地区选择和建设地点选择两个不同层次、相互联系又相互区别的工作阶段，二者之间是一种递进关系。例如新建电力开闭站工程中，建设地区选择是指在几个不同地区之间对拟建项目适宜配置的区域范围的选择；建设地点选择则是对项目具体坐落位置的选择。电力开闭站也叫开关站，建在负荷中心区和两座高压变电站之间，汇集若干条变电站 10 kV 出线作为电源，是以相同电压等级向用户供电的开关设备的集合，并且具有出线保护。

（3）技术方案：技术方案指工程项目所采用的施工方案和安全技术措施。在建设规模和建设地区、地点确定后，具体的工程技术方案确定，在很大程度上影响着工程建设成本及建成后的运营成本。技术方案的选择直接影响项目的工程造价。

（4）设备方案：选择电气设备的型号和数量，设备的选择与技术密切相关，二者必须匹配。

（5）工程方案：工程方案构成项目的实体。工程方案选择是在已选定项目建设规模、技术方案和设备方案的基础上，研究配电网工程具体实施方案，包括对于施工方案和安全技术措施的确定。

（6）环境保护措施。

7.3.1.2　配电网工程投资估算编制

1. 投资估算的含义

投资估算是在投资决策阶段，以方案设计或可行性研究文件为依据，按照规定的程序、方法和依据，对拟建项目所需总投资及其构成进行的预测和估计；是在研究确定项目的建设规模、施工方案、技术方案、工艺技术、设备选型、安全技术措施以及项目进度计划等的基础上，依据特定的方法，估算项目从筹建、施工直至建成投产所需全部建设资金总额并测算建设期各年资金使用计划的过程。投资估算的成果文件称作投资估算书，简称投资估算。投资估算书是项目建议书或可行性研究报告的重要组成部分，是项目决策的重要依据之一。

投资估算按委托的内容可分为建设项目投资估算、单项工程投资估算、单位工程投资估算。投资估算的准确与否不仅影响到可行性研究工作的质量和经济评价结果，而且直接关系到下一阶段设计概算和施工图预算的编制，以及建设项目的资金筹措方案。因此，全面准确地估算建设项目的工程造价，是可行性研究乃至整个决策阶段造价管理的重要任务。

2. 配电网工程可行性研究阶段投资估算方法

指标估算法是可行性研究阶段投资估算的主要方法。为了保证编制精度，可行性研究阶段建设项目投资估算原则上应采用指标估算法。指标估算法是指依据投资估算指标，对各单位工程或单项工程费用进行估算，进而估算建设项目总投资的方法。首先把拟建建设项目以单项工程或单位工程为单位，按费用性质横向划分为建筑工程、设备购置、安装工程等。然后，根据各种具体的投资估算指标，进行各单项工程或单位工程投资的估算；在此基础上汇集编制成拟建建设项目的各个单项工程费用和拟建项目的工程费用投资估算。最后，再按相关规定估算工程建设其他费、基本预备费等，形成拟建建设项目静态投资。

7.3.2　配电网工程设计概算的编制

配电网工程设计可按初步设计和施工图设计两个阶段进行，称为“两阶段设计”。

7.3.2.1　配电网工程设计概算的含义及作用

配电网工程设计概算是以初步设计文件为依据，按照规定的程序、方法和依据，对配电网工程总投资及其构成进行的概略计算。设计概算书是初步设计文件的重要组成部分，需达到施工图预算的准确程度。配电网工程初步设计阶段必须编制设计概算。

配电网工程设计概算的编制内容包括静态投资和动态投资两个层次。其中静态投资作为考核工程设计和施工图预算的依据；动态投资作为项目筹措、供应和控制资金使用的限额。

配电网工程设计概算经批准后，一般不得调整。如果由于下列原因需要调整概算的，应由建设单位调查分析变更原因，报主管部门审批同意后，由原设计单位核实编制调整概算，并按有关审批程序报批。允许调整概算的原因包括以下几点：

（1）超出原设计范围的重大变更；

（2）超出基本预备费规定范围不可抗拒的重大自然灾害引起的工程变动和费用增加；

（3）超出工程造价价差预备费的国家重大政策性的调整。

7.3.2.2　配电网工程的概算编制方法

概算定额法是套用概算定额编制建筑安装工程概算的方法。运用概算定额法，要求初步设计必须达到一定深度，建筑结构尺寸比较明确，能按照初步设计的平面图纸、立面图纸、剖面图纸计算土石方工程、基础工程、杆塔架设、架设工程等扩大分项工程（或扩大结构构件）项目的工程量时，方可采用。

概算定额法编制设计概算的步骤如下：

（1）搜集基础资料、熟悉设计图纸、了解有关施工条件和施工方法。

（2）按照概算定额子目，列出单位工程中分部分项工程项目名称并计算工程量。工程量计算应按概算定额中规定的工程量计算规则进行，计算时采用的原始数据必须以初步设计图纸所标识的尺寸或初步设计图纸能读出的尺寸为准，并将计算所得各分部分项工程量按概算定额编号顺序，填入工程概算表内。

（3）确定各分部分项工程费。工程量计算完毕后，逐项套用各子目的综合单价，各子目的综合单价应包括人工费、材料费、施工机具使用费、管理费、利润、规费和税金；然后分别将其填入单位工程概算表和综合单价表中。如遇设计图中的分项工程项目名称、内容与采用的概算定额手册中相应的项目有某些不相符时，则按规定对定额进行换算后方可套用。

（4）计算措施项目费。

① 可以计量的措施项目费与分部分项工程费的计算方法相同。

② 综合计量的措施项目费应以该单位工程的分部分项工程费和可以计量的措施项目费之和为基数乘以相应“费率”计算。

③ 计算汇总单位工程概算造价。

④ 单位工程概算造价 = 分部分项工程费 + 搭施项目费。

⑤ 编写概算编制说明。按照规定的表格形式进行编制。

例如：拟新建开闭所建筑面积为 3000 m^2，类似工程的建筑面积为 2800 m^2，预算造价 3200000 元。各种费用占预算造价的比重：人工费 6%；材料费 55%；机械使用费 6%；措施费 3%；其他费用 30%。试用类似工程预算法编制概算。

【解】 价格差异系数：人工费 & = 1.02；材料费 $K_2 = 1.05$；机械使用费 $K_3 = 0.99$；措施费 $K_4 = 1.04$；其他费用 $K_5 = 0.95$。

综合调整系数 $K = 6\% \times 1.02 + 55\% \times 1.05 + 6\% \times 0.99 + 3\% \times 1.04 + 30\% \times 0.95 = 1.014$

价差修正后的类似工程预算造价 = 3200000 × 1.014 = 3244800（元）

价差修正后的类似工程预算单方造价 = 3244800/2800 = 1158.86（元）

由此可得：

拟建开闭所建筑概算造价 = 1158.86 × 3000 = 3476580（元）

7.3.3 配电网工程施工图预算的编制

7.3.3.1 配电网工程施工图预算的含义及作用

（1）配电网工程施工图预算的含义：

配电网工程施工图预算是以施工图设计文件为依据，按照规定的程序、方法和依据，在工程施工前对工程项目的工程费用进行的预测与计算。施工图预算的成果文件称作施工图预算书，简称施工图预算，它是在施工图设计阶段对工程建设所需资金做出较精确计算的设计文件。

（2）配电网工程施工图预算作为建设工程建设程序中一个重要的技术经济文件，在工程建设实施过程中具有十分重要的作用：

① 施工图预算是设计阶段控制工程造价的重要环节，是控制施工图设计不突破设计概算的重要措施。

② 施工图预算是控制造价及资金合理使用的依据。施工图预算确定的预算造价是工程的计划成本，投资方按施工图预算造价筹集建设资金，合理安排建设资金计划，确保建设资金的有效使用，保证项目建设顺利进行。

③ 施工图预算是确定工程招标控制价的依据。在设置招标控制价的情况下，建筑安装工程的招标控制价可按照施工图预算来确定。招标控制价通常是在施工图预算的基础上考虑工程的特殊施工措施、工程质量要求、目标工期、招标工程范围以及自然条件等因素进行编制的。

④ 施工图预算可以作为确定合同价款、拨付工程进度款及办理工程结算的基础。

⑤ 对于工程咨询单位而言，尽可能客观、准确地为委托方做出施工图预算，不仅体现其水平、素质和信誉，而且强化了投资方对工程造价的控制，有利于节省投资，提高建设项目的投资效益。

⑥ 对于工程项目管理、监督等中介服务企业而言，客观准确的施工图预算是为业主方提供投资控制的依据。

7.3.3.2 配电网工程施工图预算的编制

单位工程施工图预算包括建筑工程费、安装工程费和设备/工器具购置费。单位工程施工图预算中的建筑安装工程费应根据施工图设计文件、预算定额以及人工、材料及施工机具台班等价格资料进行计算。由于施工图预算既可以是设计阶段的施工图预算书，也可以是招标或投标甚至施工阶段依据施工图纸形成的计价文件。在设计阶段，主要采用的编制方法是单价法。

1. 准备工作

（1）收集编制施工图预算的编制依据。其中主要包括现行配电网工程建筑安装定额、取费标准、工程量计算规则、地区材料预算价格以及市场材料价格等各种资料。

（2）熟悉施工图等基础资料。熟悉施工图纸、有关的通用标准图、图纸会审记录、设计变更通知等资料，并检查施工图纸是否齐全、尺寸是否清楚，了解设计意图，掌握工程全貌。

（3）了解施工方案和施工现场情况，注意影响费用的关键因素；核实施工现场情况，包括工程所在地地质、地形、地貌等情况，工程实地情况，当地气象资料，当地材料供应地点及运距等情况；了解地形条件、施工条件、料场开采条件、场内外交通运输条件等。

2. 列项并计算工程量

工程量计算一般按下列步骤进行：

（1）根据工程内容和定额项目，列出需计算工程量的分部分项工程。

（2）根据一定的计算顺序和计算规则，列出分部分项工程量的计算式。

（3）根据施工图纸上的设计尺寸及有关数据，代入计算式进行数值计算。

（4）对计算结果的计量单位进行调整，使之与定额中相应的分部分项工程的计量单位保持一致。

3. 套用定额预算单价

核对工程量计算结果后，将定额子项中的基价填于预算表单价栏内，并将单价乘以工程量得出合价，将结果填入合价栏，汇总求出分部分项工程人材机费合计。计算时需要注意以下几个问题：

（1）分项工程的名称、规格、计量单位与预算定额内容完全一致时，可以直接套用预算定额。

（2）分项工程的主要材料品种与预算定额中规定材料不一致时，不可以直接套用预算单价，需要按实际使用材料价格换算预算单价。

（3）分项工程施工工艺条件与预算定额不一致而造成人工、机具的数量增减时，一般调量不调价。

4. 计算直接费

直接费为分部分项工程人材机费与措施项目人材机费之和。措施项目人材机费应按下列规定计算：

（1）可以计量的措施项目人材机费与分部分项工程人材机费的计算方法相同。

（2）综合计取的措施项目人材机费应以该单位工程的分部分项工程人材机费和可以计量的措施项目人材机费之和为基数乘以相应费率计算。计算主材费并调整直接费，许多定额项目基价为不完全价格，即未包括主材费用在内。因此还应单独计算出主材费，计算完成后将主材费的价差加入直接费。主材费计算的依据是甲供材料的，则统一招标价格。

5. 按计价程序计取其他费用并汇总造价

根据规定的税率、费率和相应的计取基础，分别计算企业管理费、利润、规费和税金。将上述费用累计后与直接费进行汇总，求出建筑安装工程预算造价。与此同时，计算工程的技术经济指标，如单位造价等。

6. 填写封面、编制说明

封面应写明工程编号、工程名称、预算总造价等，编制说明应说明预算使用文件和定额以及项目的概况等信息；将总预算表、单项工程预算表、单位工程预算表、材料汇总表等，按顺序编排并装订成册，如此便完成了施工图预算的编制工作。

7.4 配电网工程发承包阶段的合同价款的约定

7.4.1 配电网工程合同价款的约定

通过优选确定承包人后，就必须通过合同来明确双方当事人的权利义务，其中合同价款的约定是建设工程计价的重要内容。合同价款是合同文件的核心要素，建设项目不论是招标发包还是直接发包，合同价款的具体数额均在“合同协议书”中载明。

合同价就是中标价，因为中标价是指评标时经过算术修正的，并在中标通知书中申明招标人已接受的投标价格。法理上，经公示后招标人向投标人发出中标通知书（投标人向招标人回复确认中标通知书已收到），即表示中标的中标价受到了法律保护，招标人不得以任何理由反悔。这是因为，合同价格属于招投标活动中的核心内容，根据《中华人民共和国招投标法》第四十六条有关“招标人和中标人应当……按照招标文件和中标人的投标文件订立书面合同，招标人和中标人不得再行订立背离合同实质性内容的其他

协议”之规定，发包人应根据中标通知书确定的价格签订合同。

7.4.2　合同价款约定的规定和内容

7.4.2.1　合同签订的时间及规定

招标人和中标人应当在投标有效期内并在自中标通知书发出之日起30天内，按照招标文件和中标人的投标文件订立书面合同。中标人无正当理由拒签合同的，招标人取消其中标资格，其投标保证金不予退还；给招标人造成的损失超过投标保证金数额的，中标人还应当对超过部分予以赔偿。发出中标通知书后，招标人无正当理由拒签合同的，招标人向中标人退还投标保证金；给中标人造成损失的，还应当赔偿损失。招标人与中标人签订合同后5个工作日内，应当向中标人和未中标的投标人退还投标保证金及银行同期存款利息。

7.4.2.2　合同价款类型的选择

实行招标的配电网工程合同价款应由发承包双方依据招标文件和中标人的投标文件在书面合同中约定。合同约定不得违背招、投标文件中关于工期、造价、质量等方面的实质性内容。招标文件与中标人投标文件不一致的地方，以投标文件为准。

不实行招标的配电网工程合同价款，在发承包双方认可的合同价款基础上，由发承包双方在合同中约定。

7.4.2.3　合同价款约定的内容

发承包双方应在合同条款中对下列事项进行约定：

（1）预付工程款的数额、支付时间及抵扣方式；

（2）安全文明施工措施的支付计划、使用要求等；

（3）工程计量与支付工程进度款的方式、数额及时间；

（4）工程价款的调整因素、方法、程序、支付及时间；

（5）施工索赔与现场签证的程序、金额确认与支付时间；

（6）承担计价风险的内容、范围以及超出约定内容、范围的调整方法；

（7）工程竣工结算价款编制与核对、支付及时间；

（8）工程质量保证金的数额、预留方式及时间；

（9）违约责任以及发生合同价款争议的解决方法与时间；

（10）与履行合同、支付价款有关的其他事项等。

7.5　配电网工程施工阶段合同价款的调整

7.5.1　配电网工程合同价款的调整事项

在工程施工阶段，由于项目实际情况的变化，发承包双方在施工合同中约定的合同价款可能会出现变动。为合理分配双方的合同价款变动风险，有效控制工程造价，发承包双方应当在施工合同中明确约定合同价款的调整事件、调整方法及调整程序。

发承包双方按照合同约定调整合同价款的若干事项大致分为五大类：

（1）法规变化类，主要包括法律法规变化事件；

（2）工程变更类，主要包括工程变更、项目特征不符、工程量清单缺项、工程量偏差、计日工等事件；

（3）物价变化类，主要包括物价波动、暂估价事件；

（4）工程索赔类，主要包括不可抗力、提前竣工（赶工补偿）、误期赔偿、索赔等事件；

（5）其他类，主要包括现场签证以及发承包双方约定的其他调整事项。现场签证，根据签证内容，有的可归于工程变更类，有的可归于索赔类，有的可能不涉及合同价款调整。

经发承包双方确认调整的合同价款，作为追加（减）合同价款，应与工程进度款或结算款同期支付。

7.5.2 配电网工程合同价款的计量

7.5.2.1 配电网工程合同价款的计量的原则与范围

1. 工程计量定义

对承包人已经完成的合格工程进行计量并予以确认，是发包人支付工程价款的前提工作。因此，工程计量不仅是发包人控制施工阶段工程造价的关键环节，也是约束承包人履行合同义务的重要手段。

工程施工过程中，通常会由于一些原因导致承包人实际完成工程量与工程量清单中所列工程量不一致。例如，招标工程量清单缺项、漏项或项目特征描述与实际不符；工程变更；现场施工条件的变化；现场签证；暂列金额中的专业工程发包等。因此，在工程合同价款结算前，必须对承包人履行合同义务所完成的实际工程进行准确的计量。

2. 工程计量的原则

工程计量的原则包括下列三个方面：

（1）不符合合同文件要求的工程不予计量。即工程必须满足设计图纸、技术规范等合同文件对其在工程质量上的要求，同时相关的工程质量验收资料齐全、手续完备，满足合同文件对其在工程管理上的要求。

（2）按合同文件所规定的方法、范围、内容和单位计量。工程计量的方法、范围、内容和单位受合同文件约束，其中工程量清单（说明）、技术规范、合同条款均会从不同角度、不同侧面涉及这方面的内容。在计量中要严格遵循这些文件的规定，并且一定要结合起来使用。

（3）因承包人原因造成的超出合同工程范围的施工或返工的工程量，发包人不予计量。

3. 工程计量的范围与依据

（1）工程计量的范围。工程计量的范围包括工程量清单及工程变更所修订的工程量清单的内容；合同文件中规定的各种费用支付项目，如费用索赔、各种预付款、价格调整、违约金等。

（2）工程计量的依据。工程计量的依据包括工程量清单及说明；合同图纸；工程变更令及其修订的工程量清单；合同条件；技术规范；有关计量的补充协议；质量合格证书等。

7.5.2.2　工程计量的方法

工程量必须按照相关工程现行国家计量规范规定的工程量计算规则计算。工程计量可选择按月或按工程形象进度分段计量，具体计量周期在合同中约定。因承包人原因造成的超出合同工程范围的施工或返工的工程量，发包人不予计量。通常分单价合同和总价合同规定不同的计量方法，成本加酬金合同按照单价合同的计量规定进行计量。

1. 单价合同计量

单价合同工程量必须以承包人完成合同工程应予计量的按照现行国家计量规范规定的工程量计算规则计算得到的工程量。施工中工程计量时，若发现招标工程量清单中出现缺项、工程量偏差，或因工程变更引起工程量的增减，应按承包人在履行合同义务中完成的工程量计算。

2. 总价合同计量

采用工程量清单方式招标形成的总价合同，工程量应按照与单价合同相同的方式计算。采用经审定批准的施工图纸及其预算方式发包形成的总价合同，除按照工程变更规定引起的工程量增减外，总价合同中各项目的工程量是承包人用于结算的最终工程量。总价合同约定的项目计量应以合同工程经审定批准的施工图纸为依据，发承包双方应在合同中约定工程计量的形象目标或时间节点进行计量。

7.5.3　配电网工程合同价款的支付

7.5.3.1　配电网工程预付款

配电网工程预付款由发包人按照合同约定，在正式开工前由发包人预先支付给承包人的价款，用于购买工程施工所需要的材料和组织施工机械和人员进场。

1. 工程预付款的支付

工程预付款主要是保证施工所需材料和构件的正常储备。工程预付款额度一般是根据施工工期、建筑安装工作量、主要材料和构件费用占建安工程费的比例以及材料储备周期等因素经测算来确定的。发包人根据工程的特点、工期长短、市场行情、供求规律等因素，招标时在合同条件中约定工程预付款的百分比。

2. 工程预付款的扣回

发包人支付给承包人的工程预付款属于预支性质，随着工程的逐步实施，原已支付的预付款应以充抵工程价款的方式陆续扣回，抵扣方式应当由双方当事人在合同中明确约定。扣款的方法：按合同约定扣款。预付款的扣款方法由发包人和承包人通过洽商后在合同中予以确定，一般是在承包人完成金额累计达到合同总价的一定比例后，由承包人开始向发包人还款，发包方从每次应付给承包人的金额中扣回工程预付款，发包人至少在合同规定的完工期前将工程预付款的总金额逐次扣完。

3. 安全文明施工费

发包人应在工程开工后的28天内预付不低于当年施工进度计划的安全文明施工费总额的60％，其余部分按照提前安排的原则进行分解，与进度款同期支付。

发包人没有按时支付安全文明施工费的，承包人可催告发包人支付；发包人在付款期满后的7天内仍未支付的，若发生安全事故，发包人应承担连带责任。

7.5.3.2 配电网工程期中支付

合同价款的期中支付，是指发包人在合同工程施工过程中，按照合同约定对付款周期内承包人完成的合同价款给予支付的款项。发承包双方应按照合同约定的时间、程序和方法，根据工程计量结果，办理期中价款结算，支付进度款。进度款支付周期应与合同约定的工程计量周期一致。

（1）已完工工程的结算价款。已标价工程量清单中的单价项目，承包人应按工程计量确认的工程量与综合单价计算。如综合单价发生调整，以发承包双方确认调整的综合单价计算进度款。已标价工程量清单中的总价项目，承包人应按合同中约定的进度款支付分解，分别列入进度款支付申请中的安全文明施工费和本周期应支付的总价项目的金额中。

（2）结算价款的调整。承包人现场签证和得到发包人确认的索赔金额列入本周期应增加的金额中。由发包人提供的材料、工程设备金额，应按照发包人签约提供的单价和数量从进度款支付中扣除，列入本周期应扣减的金额中。

（3）进度款的支付比例。进度款的支付比例按照合同约定，按期中结算价款总额计，不低于60％，不高于90％。

7.5.4 配电网工程竣工结算文件的编制与审核

单位工程竣工结算由承包人编制，发包人审查；实行总承包的配电网工程，由具体承包人编制，在总包人审查的基础上，发包人审查。单项工程竣工结算或建设项目竣工总结算由总（承）包人编制，发包人可直接进行审查，也可以委托具有相应资质的工程造价咨询机构进行审查。承包人应在合同约定期限内完成项目竣工结算编制工作，未在规定期限内完成并且提不出正当理由延期的，责任自负。

1. 工程竣工结算的编制依据

工程竣工结算由承包人或受其委托具有相应资质的工程造价咨询人编制，由发包人或受其委托具有相应资质的工程造价咨询人核对。配电网工程竣工结算编制的主要依据有：

（1）工程合同；

（2）发承包双方实施过程中已确认的工程量及其结算的合同价款；

（3）发承包双方实施过程中已确认调整后追加（减）的合同价款；

（4）建设工程设计文件及相关资料；

（5）投标文件；

（6）其他依据。

2. 工程竣工结算的计价原则

采用总价合同的，应在合同总价的基础上，对合同约定调整的内容及超过合同约定范围的风险因素进行调整；采用单价合同的，在合同约定风险范围内的综合单价应固定不变，并按合同约定进行计量，且按实际完成的工程量进行计量。

3. 竣工结算的审核

（1）配电网工程应当委托具有相应资质的工程造价咨询企业对竣工结算文件进行审核，并在收到竣工结算文件后的约定期限内，向承包人提出由工程造价咨询企业出具的竣工结算文件审核意见；逾期未答复的，按照合同约定处理，合同没有约定的，竣工结算文件视为已被认可。

4. 质量争议工程的竣工结算

发包人对工程质量有异议，拒绝办理工程竣工结算的，分以下两种情况处理：

（1）已竣工验收或已竣工未验收但实际投入使用的工程，其质量争议按该工程保修合同执行，竣工结算按合同约定办理。

（2）已竣工未验收且未实际投入使用的工程，以及停工、停建工程的质量争议，双方应就有争议的部分委托有资质的检测鉴定机构进行检测，根据检测结果确定解决方案，或按工程质量监督机构的处理决定执行后办理竣工结算，无争议部分的竣工结算按合同约定办理。

7.5.5　配电网工程结算与最终结清支付

7.5.5.1　配电网工程竣工结算款的支付

工程竣工结算文件经发承包双方签字确认的，应当作为工程结算的依据，未经对方同意，一方不得就已生效的竣工结算文件委托工程造价咨询企业重复审核。发包方应当按照竣工结算文件及时支付竣工结算款。竣工结算文件应当经上一级省、市公司主管部门备案。

承包人应根据办理的竣工结算文件，向发包人提交竣工结算款支付申请。申请中含：

（1）竣工结算合同价款总额；

（2）累计已实际支付的合同价款；

（3）应扣留的质量保证金；

（4）实际应支付的竣工结算款金额。

发包人应在收到承包人提交竣工结算款支付申请后的规定时间内予以核实，向承包人签发竣工结算支付证书。在发包人签发竣工结算支付证书后的规定时间内，按照竣工结算支付证书列明的金额向承包人支付结算款。

7.5.5.2　最终结清

所谓最终结清，是指配电网工程合同约定的缺陷责任期终止后，承包人已按合同规定完成全部剩余工作且质量合格的，发包人与承包人结清全部剩余款项的活动。最终结清时，如果承包人被扣留的质量保证金不足以抵减发包人工程缺陷修复费用，则承包人应承担不足部分的补偿责任。

7.6 配电网工程项目竣工决算与增资

7.6.1 配电网工程竣工决算的概念与作用

通过竣工决算，既能够正确反映建设工程的实际造价和投资结果，又可以通过与概算、预算的对比分析考核投资控制的工作成效，为工程建设提供重要的技术经济方面的基础资料，提高未来工程建设的投资效益。

7.6.2 配电网工程竣工决算的内容和编制

7.6.2.1 配电网工程竣工决算的内容

配电网工程建设项目竣工决算应包括从筹集到竣工投产全过程的全部实际费用，包括建筑工程费、安装工程费、设备工器具购置费及预备费等费用。竣工决算是由竣工财务决算说明书、竣工财务决算报表、工程竣工图和工程竣工造价对比分析4部分组成。其中竣工财务决算说明书和竣工财务决算报表两部分又称建设项目竣工财务决算，是竣工决算的核心内容。竣工财务决算是正确核定项目资产价值、反应竣工项目建设成果的文件，是办理资产移交和产权登记的依据。

7.6.2.2 配电网工程竣工决算的编制

竣工决算的编制程序分为前期准备、收集依据资料、完成竣工决算资料和资料归档4个阶段。

（1）前期准备工作阶段。收集和整理基本的编制资料。在编制竣工决算文件之前，应系统地整理所有的技术资料、工程结算的经济文件、施工图纸和各种变更与签证资料，并分析它们的准确性。完整、齐全的资料，是准确而迅速地编制竣工决算的必要条件。

（2）收集完整的编制程序依据资料。在收集、整理和分析有关资料的过程中，要特别注意建设工程从筹建到竣工投产或使用的全部费用的各项账务债权和债务的清理，做到工程完毕账目清晰，既要核对账目，又要查点库存实物的数量，做到账与物相等、账与账相符；对结余的各种材料、工器具和设备，要逐项清点核实，妥善管理，并按规定及时处理，收回资金；对各种往来款项要及时进行全面清理，为编制竣工决算提供准确的数据和结果。

（3）完成工程竣工决算编制咨询报告、基本建设项目竣工决算报表及附表、竣工财务决算说明书、相关附件等。清理、装订好竣工图，做好工程造价对比分析。

（4）工程竣工决算编制过程中形成的工作底稿应进行分类整理，与工程竣工决算编制成果文件一并形成归档纸质资料。

7.6.3 配电网工程新增固定资产价值的确定

7.6.3.1 配电网工程新增固定资产价值的概念和范畴

新增固定资产价值是建设项目竣工报产后所增加的固定资产的价值，它是以价值形态表示的固定资产投资最终成果的综合性指标。配电网工程新增固定资产价值是指配电网工程竣工投产后所增加的固定资产价值，即交付使用的固定资产价值，是以价值形态表示配电网工程的固定资产最终成果的指标。新增固定资产价值的计算是以独立发挥生产能力的单项工程为对象的。单项工程建成后经有关部门验收鉴定合格，正式移交生产或使用，即应计算新增固定资产价值。一次交付生产或使用的工程仅一次计算新增固定资产价值；分期分批交付生产或使用的工程，应分期分批计算新增固定资产价值。新增固定资产价值的内容包括已投入生产或交付使用的建筑、安装工程造价，达到固定资产标准的设备，工器具的购置费用，增加固定资产价值的其他费用。

7.6.3.2　配电网工程新增固定资产价值计算时应注意的问题

（1）对于为施工道路、保护环境而建设的附属辅助工程，只要全部建成，正式验收交付使用后，就要计入配电网工程新增固定资产价值。

（2）凡购置达到固定资产标准而不需安装的设备、工器具，应在交付使用后计入配电网工程新增固定资产价值。例如：新建电力开闭所工程（建筑工程）中空调等换气设施。

（3）属于配电网工程新增固定资产价值的其他投资，应在受益工程交付使用的同时一并计入。

（4）交付使用财产的成本，应按下列内容计算：

① 房屋、建筑物、管道、线路等固定资产的成本包括建筑工程成果和待分摊的“待摊投资”。

② 电气设备等固定资产的成本包括需要安装设备的采购成本，安装工程成本，设备基础、支柱等建筑工程成本，应分摊的“待摊投资”。

③ 运输设备及其他不需要安装的设备、工具、器具、家具等固定资产一般仅计算采购成本，不计分摊的“待摊投资”。

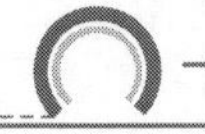

第 8 章 配电网工程进度管理

加强配电网工程进度管理，按期完成项目建设任务，是工程项目管理的一项重要内容。配电网工程项目进度管理，是指在项目实施过程中，对各阶段的进展程度和项目最终完成的期限所进行的管理；目的是保证项目在满足时间约束的条件下实现配电网项目总目标。进度管理包括为确保项目按期完成所必需的所有过程的管理，包括规划进度管理、工作定义、工作顺序安排、工作资源估算、工作时间估算、进度计划制订和进度控制等。

8.1 规划进度管理

规划进度管理是为规划、编制、管理、执行和控制项目进度而制定政策、程序和文档的过程，其主要目的是为如何在整个项目过程中管理项目进度提供指南和方向。该阶段的主要成果是进度管理计划。

8.1.1 规划进度管理的依据

1. 项目管理计划

项目管理计划中的范围基准（包括项目范围说明书和工作分解结构等）、与规划进度相关的成本、风险和沟通决策等内容可用于制订进度管理计划。

2. 项目章程

项目章程中规定的总体项目里程碑进度计划和项目审批要求等，会影响项目的进度管理。

3. 环境因素

环境因素是项目团队不能控制的，将对项目产生影响、限制或指令作用的各种条件。可能影响规划进度管理的环境因素包括组织文化和结构、资源可用性和技能、提供进度规划工具的项目管理软件等。

4. 组织过程资产

组织过程资产是组织所特有并使用的计划、流程、政策和知识库。可能影响规划进度管理过程的组织过程资产包括进度监督和报告工具，历史信息，进度控制工具，与进度控制有关的政策、程序和指南，模板，项目收尾指南，变更控制程序以及风险控制程序等。

8.1.2　规划进度管理的方法

1. 专家判断

专家判断是基于历史信息，专家可以根据学科领域或行业的专业知识为正在开展的工作提供有价值的见解。专家判断还可以对是否要联合使用多种方式以及如何协调方法之间的差异提出建议。

2. 会议

项目团队可以通过规划会议来制订进度管理计划。参会人员包括项目经理、项目发起人、项目团队成员、项目关系人、进度规划或执行负责人，以及其他必要人员。

8.1.3　规划进度管理的成果

规划进度管理的主要成果是进度管理计划，它是项目管理计划的组成部分。根据项目需要，进度管理计划可以是正式的或非正式的、详细的或高度概括的。进度管理计划需要及时更新，以反映在进度管理过程中发生的变更。一般情况下，进度管理计划包括：

（1）项目进度模型的制定。规定用于制定项目进度模型的进度规划方法和工具。

（2）准确度。规定工作持续时间估算的可接受区间，以及允许的应急储备时间。

（3）计量单位。规定每种资源的计量单位，例如，用于测量时间的工时数，用于计量数量的米、升、吨、千米或立方米。

（4）组织程序链接。工作分解结构（WBS）为进度管理计划提供了框架，保证了与估算及相应进度计划的协调性。

（5）项目进度模型的维护。规定在项目执行期间，如何在进度模型中更新项目状态，记录项目进展。

（6）控制临界值。规定偏差临界值，即在采取某项措施前，允许出现的最大偏差，该临界值用于监督进度绩效，通常用偏离基准计划中某参数的百分数来表示。

（7）绩效测量规则。规定用于绩效测量的挣值管理（EVM）规则或其他测量规则。

8.2　工程项目工作定义与工作顺序安排

8.2.1　工作定义

工作定义，就是对工作分解结构（WBS）中规定的可交付成果或半成品的产生所必须进行的具体工作（活动、作业或工序）进行定义，并形成相应的文件，包括工作清单和工作分解结构的更新。在配电网工程项目中，工作的范围可大可小，需根据具体情况和需要来确定。例如，挖杆洞、立杆、回填土各是一项工作，也可以把上述三项工作综合为一项立杆工程。

8.2.1.1 工作定义的依据

1. 进度管理计划

进度管理计划规定了管理工作所需的详细程度。

2. 项目范围说明书

在工作定义过程中，应明确考虑范围说明书中的项目交付成果、限制性条件和假设等。项目交付成果是各层次子产品的总和，当交付成果均达成后，标志着项目的完成。限制性条件是指限制项目团队进行选择的因素。假设是指在项目管理中被当成真实的、现实的或确定的因素来使用的条件，比如每周的工作时间或工程实施年限。

3. 工作分解结构（WBS）

范围管理中做出的 WBS 是工作定义的基本依据。WBS 通过子单元来表达主单元，每一项工作的编码都是唯一的，因此十分明确。任何工作项目都可通过计算其下层工作的成本和进度得到该工作的成本和进度。由于 WBS 是从粗到细、分层划分的树状结构，因此根据 WBS 可以列出不同粗细程度的工作清单。

4. 环境因素

影响工作定义的环境因素包括组织文化和结构，商业数据库中发布的商业信息以及项目管理信息系统等。过去开展类似项目的各种历史信息对于工作定义也具有重要的指导和参考作用。

5. 组织过程资产

影响工作定义的组织过程资产包括现有的、正式和非正式的、与工作规划相关的政策、程序和指南，经验教训知识库，标准化流程以及来自以往项目的、包含标准工作清单或部分工作清单的模板等。

8.2.1.2 工作定义的方法

1. 分解法

分解法是在项目工作分解结构的基础上，将项目工作按照一定的层次结构逐步分解为更小的、更具体的和更容易控制的许多具体的项目工作，从而找出完成项目目标所需的所有工作的技术。

2. 模板法

模板法是指借用历史资料，参照过去优质的、已完成的类似项目的工作清单或其中一部分作为一个新项目工作清单的模板。模板中相关工作的属性信息包括资源技术清单、工作时间、风险、预期交付成果以及其他描述信息。利用这些类似的清单作为优质模板，可以大大加快工作分解的进程。

3. 滚动式规划

随着工作的不断分解，项目范围所包括的内容更加详细。滚动式规划是渐进明细的规划技术，即详细规划近期要完成的工作，同时在较高层级上规划远期工作。因此，在项目生命周期的不同阶段，工作的详细程度会有所不同，在战略规划阶段，信息尚不明确，工作只能分解到已知的详细水平，而随着了解到的信息的增加，近期即将实施的工作就可以分解为更加具体的工作。

4. 专家判断

在制定详细项目范围说明书、工作分解结构和项目进度计划方面具有经验和技能的项目团队成员或其他专家，可以为工作定义提供专业知识。

8.2.1.3　工作定义的成果

1. 工作清单

工作清单必须包括项目中将要进行的所有工作，以利于确保工作清单的完整性，但同时又不包括任何本项目范围之外的不必要的工作。与工作分解结构类似，工作清单应该包括对每项工作的说明，这样才能使项目团队成员知道如何完成该项工作。

2. 工作属性

工作属性是指每项工作所具有的多重属性，用来扩充对工作的描述。工作属性随时间演进。在项目初始阶段，工作属性包括工作标识、WBS 标识和工作标签或名称；在工作属性编制完成时，工作属性包括工作编码、工作描述、紧前工作、紧后工作、逻辑关系、提前量与滞后量、资源需求、强制日期、制约因素和假设条件。工作属性可用于分配工作的负责人，确定开展工作的地区或地点，编制开展工作的项目日历，以及明确工作类型，如是支持型工作、独立型工作，还是依附型工作。工作属性还可用于编制进度计划，进行工作的选择、排序和分类。应用的领域不同，属性的内容也不同。

3. 里程碑清单

里程碑是项目中的重要时点或事件，因而这些关键事项被称为“里程碑”。里程碑清单列出了所有项目里程碑，并说明里程碑与常规的进度工作类似，有相同的结构和属性，当里程碑的持续时间为零时，应分析清楚每个里程碑是强制性的（如合同要求的）还是选择性的（如根据历史信息确定的）。里程碑代表的是一个时间点。

8.2.2　工作顺序安排

工作顺序安排就是确定各项工作之间的依赖关系，并形成文档。为了进一步编制切实可行的进度计划，首先必须对工作进行准确的顺序安排。工作顺序安排可以利用计算机，也可以手工来做。在一些小项目中，或大型项目的早期阶段，手工操作更为有效，而在实际运用过程中，手工和计算机可以结合起来使用。

8.2.2.1　工作顺序安排的依据

（1）进度管理计划。进度管理计划规定了用于项目进度规划的方法和工具，对工作排序具有指导作用。

（2）工作清单。工作清单列出了项目所需的、待排序的全部进度工作。这些工作的依赖关系和其他制约因素会对工作排序产生影响。

（3）工作属性。工作属性中可能描述了事件之间的必然顺序或确定的紧前紧后关系。

（4）里程碑清单。里程碑事件应作为工作排序的一部分，以确保满足里程碑实现日期的要求。

（5）项目范围说明书。项目范围说明书中包含产品范围描述，而产品范围描述中又包含可能影响工作排序的产品特征。项目范围说明书中的其他信息也可能影响工作排序，如项目可交付成果、项目制约因素和假设条件。虽然工作清单中已经体现了这些因素的影响结果，但还是需要对产品范围描述进行整体审查以确保准确性。

(6) 环境因素。能够影响工作排序过程的环境因素包括政府或行业标准、项目管理信息系统、进度规划工具、公司的工作授权系统等。

(7) 组织过程资产。能够影响排列工作顺序过程的组织过程资产包括公司知识库中有助于确定进度规划方法论的项目档案，现有的、正式或非正式的、与工作规划有关的政策、程序和指南，以及有助于加快项目工作网络图编制的各种模板等。

8.2.2.2 工作顺序安排的方法

工作顺序安排的方法很多，常用的为双代号网络图法、双代号时标网络图法、单代号网络图法。

1. 双代号网络图法

(1) 双代号网络图法基本概念。

双代号网络图法就是利用箭线表示工作，而在节点处将工作连接起来表示依赖关系的一种绘制项目网络图的方法。这种方法也叫箭线工作法。

① 工作（活动、作业或工序）。在双代号网络图中，工作用一根箭线和两个圆圈来表示。工作的名称写在箭线的上面，完成工作所需要的时间写在箭线的下面，箭尾表示工作开始，箭头表示工作结束。圆圈中的两个号码代表这项工作。

工作通常分为两种：第一种需要消耗时间和资源，用实箭线表示；第二种既不消耗时间也不消耗资源，称为虚工作，用虚箭线表示。虚工作是人为的虚设工作，只表示相邻前后工作之间的逻辑关系。

② 节点（结点或事件）。在箭线的出发和交汇处画上圆圈，用以标志该圆圈前面一项或若干项工作的结束和允许后面一项或若干项工作开始，时间点称为节点。

在双代号网络图中，节点不同于工作，它不需要消耗时间或资源，只标志着工作结束和开始的瞬间，起着连接工作的作用。起始节点是指网络图的第一个节点，表示执行项目计划的开始，没有内向箭线。终点节点是指达到了项目计划的最终目标，没有外向箭线。除起始点节点和终点节点外，其余称中间节点，它既表示完成一项或几项工作的结果，又表示一项或几项紧后工作开始的条件。

③ 线路。双代号网络图中，从起点节点开始，沿箭头方向顺序通过一系列箭线与节点，最后达到终点节点的通路称为线路。线路既可依次用该线路上的节点编号来表示，也可依次用该线路上的工作名称来表示。线路上所有工作的持续时间之和称为该线路的总持续时间。总持续时间最长的线路称作关键路径，其他线路长度均小于关键路径，称为非关键路径，关键线路的长度就是网络计划的总工期。

④ 紧前工作、紧后工作和平行工作。在双代号网络图中，相对于某工作而言，紧排在该工作之前的工作称为该工作的紧前工作。在双代号网络图中，工作与其紧前工作之间可能有虚工作。在双代号网络图中，相对于某工作而言，可以与该工作同时进行的工作即为该工作的平行工作。

⑤ 逻辑关系。双代号网络图中，工作之间相互制约或相互依赖的关系称为逻辑关系，

逻辑关系包括工艺关系和组织关系。

a. 工艺关系：生产性工作之间由工艺过程决定的，非生产性工作之间由工作程序先后顺序关系决定的叫工艺关系。

b. 组织关系：工作之间由于组织安排需要或资源（人力、材料、机械设备和资金）调配需要而规定的先后顺序关系叫组织关系。

（2）双代号网络图的基本绘制规则。

① 网络图必须按照已定的逻辑关系绘制。由于网络图是有向、有序网状图形，所以必须严格按照工作之间的逻辑关系绘制，这是保证工程质量和资源优化配置及合理使用所必需的。

② 网络图应只有一个起点节点和一个终点节点（多目标网络计划除外）。除终点和起点节点外，不允许出现没有内向箭线的节点和没有外向箭线的节点。

③ 网络图中所有节点必须编号，并应使箭尾节点的编号小于箭头节点的编号。

④ 网络图中不允许出现从一个节点出发顺箭线方向又回到原出发点的循环回路。如果出现循环回路，会造成逻辑混乱，使工作无法按顺序进行。

⑤ 工作或时间的字母代号或数字编号，在同一任务的网络图中，不允许重复使用。

⑥ 网络图中的箭线（包括虚箭线）应保持自左向右的方向，不应出现箭头向左或偏向左方的箭线。

⑦ 网络图中不允许出现没有箭尾节点的箭线和没有箭头节点的箭线。

⑧ 严禁在箭线上引入或引出箭线。

⑨ 应尽量避免网络图中工作箭线的交叉。当交叉不可避免时，可以采用过桥法或指向法处理。

（3）双代号网络图的绘制步骤。

① 根据已知的紧前工作确定出紧后工作。

② 从左到右确定出各工作的始点节点位置号和终点节点位置号。

③ 根据节点位置号和逻辑关系绘出初步网络图。

④ 检查逻辑关系有无错误，如与已知条件不符，则可加虚工作加以改正。

2. 双代号时标网络图法

（1）双代号时标网络计划的表示方法。

双代号时标网络计划（简称时标网络计划）是指以水平时间坐标为尺度绘制的网络计划。时标单位可以是小时、天、周、月、季、年等，应根据需要在编制网络计划之前确定。在时标网络计划中，以实箭线表示工作，实箭线的水平投影长度表示该工作的持续时间；以虚箭线表示虚工作，由于虚工作的持续时间为零，故虚箭线只能垂直水平面；以波形线表示工作与其紧后工作之间的间隔时间（以终点节点为完成节点的工作除外，当计划工期等于计算工期时，这些工作箭线中波形线的水平投影长度表示其自由时差）。因此，时标网络计划既是一个网络计划，又类似于用横道图表示的一个水平进度计划。它既能标明计划的时间过程，又能在图上显示出各项工作开始和完成时间、关键线路、关键工作所具有的时差。

（2）双代号时标网络计划的绘制方法。

双代号时标网络计划宜按各项工作的最早开始时间编制。为此，在编制时标网络计划时，应使每一个节点和每一项工作（包括虚工作）尽量向左靠，直至不出现从右向左的逆向箭线为止。同时，在绘制时标网络计划时，应先绘制无时标的网络计划草图，然后按间接绘制法或直接绘制法进行。

在绘制双代号时标网络计划时，特别需要注意的问题是处理好虚箭线。首先，应将虚箭线与实箭线等同看待，只是前者对应工作的持续时间为零；其次，尽管虚工作本身没有持续时间，但可能存在波形线，因此，要按规定画出波形线。在画波形线时，其垂直部分仍应画为虚线。

3. 单代号网络图法

单代号网络图法是利用节点代表工作而用表示依赖关系的箭线将节点联系起来的一种绘制项目网络图的方法，这种方法也叫节点工作法。大多数项目管理软件包都使用单代号网络图法。

（1）单代号网络图符号。

① 节点。单代号网络图中的节点一般使用圆圈或方框来绘制，它表示一项工作。在圆圈或方框内可以写上工作的编号、名称和需要的作业时间。

单代号网络图中的节点必须编号，编号标注在节点内，其号码可简短，但严禁重复。箭线的箭尾节点编号应小于箭头节点的编号。一项工作必须有唯一的一个节点及相应的一个编号。

② 箭线。箭线表示紧邻工作之间的逻辑关系，既不占用时间，也不消耗资源，箭线应画成水平直线、折线或斜线。箭线水平投影的方向应自左向右，表示工作的行进方向。

③ 线路。单代号网络图中，各条线路应用该线路上的节点编号从小到大依次表述。

（2）绘制基本规则。

① 单代号网络图应正确表达已定的逻辑关系。

② 单代号网络图中不得出现回路。

③ 单代号网络图中不得出现双向箭头或无箭头的连线。

④ 单代号网络图中不得出现没有箭尾节点的箭线和没有箭头节点的箭线。

⑤ 绘制网络图时，箭线不宜交叉。当交叉不可避免时，可采用过桥法或指向法绘制。

⑥ 单代号网络图应只有一个终点节点和一个终点节点；当网络图中有多项终点节点或多项终点节点时，应在网络图的两端分别设置一项虚拟节点，作为该网络图的终点节点和终点节点。

单代号网络图的绘制规则大部分与双代号网络图的绘图规则相同，故不再复述。

（3）绘制步骤。

① 列出工作清单，包括工作之间的逻辑关系，找出每一项工作的紧前工作有哪些。

② 根据工作清单，先绘没有紧前工作的工作节点。

③ 逐个检查工作清单中的每一工作，如该工作的紧前工作节点已全部绘在图上，则绘出该工作节点并用箭线与紧前工作连接起来。

④ 重复上述步骤，直至绘出整个计划的所有工作节点。

8.3　工程项目进度计划制订

进度计划就是根据项目的工作定义、工作顺序及工作持续时间估算的结果和所需要的资源，创建项目进度模型的过程。其主要任务是确定各项目工作的起始和完成所需要的实施方案和措施。制订可行的项目进度计划，往往是一个反复的过程。

8.3.1　制订进度计划的依据

制订进度计划的依据主要包括项目网络图、时间估算、资源储备说明、项目日历和资源日历、强制日期、关键事件或主要里程碑、假定前提以及提前和滞后等。

（1）进度管理计划。进度管理计划规定了用于制订进度计划的进度规划方法和工具，以及推算进度计划的方法。

（2）工作清单。工作清单明确了需要在进度模型中包含的工作。

（3）工作属性。工作属性提供了创建进度模型所需的细节信息。

（4）项目进度网络图。项目进度网络图中包含用于推算进度计划紧前和紧后工作的逻辑关系。

（5）工作资源需求。工作资源需求明确了每个工作所需的资源类型和数量，用于创建进度模型。

（6）资源日历。资源日历规定了在项目期间的某种资源的可用性。

（7）时间估算。时间估算是完成各工作所需的工作时段数，用于进度计划的推算。

（8）项目范围说明书。项目范围说明书中包含了会影响项目进度计划制订的假设条件和制约因素。

（9）风险登记册。风险登记册中的所有已识别风险的详细信息及特征，会影响进度模型。

（10）项目人员分派。项目人员分派明确了分配到每个工作的资源。

（11）资源分解结构。资源分解结构提供的详细信息，有助于开展资源分析和情况报告。

（12）环境因素。能够影响进度计划制订的环境因素包括标准、沟通渠道，以及用以创建进度模型的进度规划工具等。

（13）组织过程资产。能够影响制订进度计划过程的组织过程资产包括进度规划方法论和项目日历等。

8.3.2　制订进度计划的方法

制订进度计划的方法很多，最常用的方法有关键线路法、计划评审技术、图示评审技术等。

（1）关键线路法是计划中工作与工作之间的逻辑关系肯定，且每项工作只估算一个肯定的持续时间的网络计划技术。它是沿着项目进度网络线路进行正向与反向分析，从而计算出所有计划工作理论上的最早开始与完成时间、最迟开始与完成时间，不考虑资源限制。由此计算而得到的最早开始与完成时间、最迟开始与完成时间不一定是项目的进度表，它们只不过表明计划工作在给定的工作持续时间、逻辑关系、时间提前与滞后量，以及其他已知制约条件下，应当安排的时间段与长短。

（2）计划评审技术是计划中工作与工作之间的逻辑关系肯定，但每项工作的持续时间不肯定，一般采用加权平均时间估算，并对按期完成项目的可能性做出评价的网络计划方法。

（3）图示评审技术是工作和工作之间的逻辑关系和工作的持续时间都具有不肯定性（即某些工作可能根本不进行，而另一些工作则可能进行多次），而按概率处理的网络计划技术。

8.3.3 进度计划编制的成果

1. 进度基准

进度基准是经过批准的进度模型，只有通过正式的变更控制程序才能进行变更，用作与实际结果进行比较的依据。它被相关干系人接受和批准，其中包含基准开始日期和基准结束日期。在监控过程中，将用实际开始和结束的日期与批准的基准日期进行比较，以确定是否存在偏差。进度基准是项目管理计划的组成部分。

2. 工程项目进度计划

项目进度计划是进度模型的主要成果，展示了工作之间的相互关联，以及计划开始与结束日期、持续时间、里程碑和所需资源。即使在早期阶段就进行了资源规划，在未确认资源分配和计划开始与结束日期之前，项目进度计划都只是初步的，一般要在项目管理计划编制完成之前进行这些确认。还可以编制一份目标项目进度模型，规定每个工作的目标开始日期与目标结束日期。项目进度计划可以是概括的（有时称为主进度计划或里程碑进度计划），也可以是详细的。进度计划的表示方法有以下几种：

① 横道图。横道图是传统的进度计划表示方法，其左边按工作的先后顺序列出项目的工作名称，其右边是进度表，上边的横栏表示时间，用水平线段在时间坐标下标出项目的进度线，水平线段的位置和长短反映该项目从开始到完工的时间。利用横道图可将每天、每周或每月实际进度情况定期记录在横道图上。

② 时标网络图。时标网络图将项目的网络图和横道图结合了起来，既表示项目的逻辑关系，又表示工作时间。时标网络图具有以下特点：既是一个网络计划，又是一个水平进度计划，能够清楚地标明计划的时间进程，便于使用。能在图上直接显示出各项工作的开始和完成时间，工作的自由时差及关键线路，在使用过程中，可以随时确定哪些工作应该已经完成，哪些工作正在进行及哪些工作就要开始。由于网络图能清楚地表示出哪些工作需要同时进行，因此可以确定同一时间对材料、机械、设备以及人力的需要量。

③ 里程碑法。里程碑法是在横道图上或网络图上标示出一些事项，这些事项能够被

明显地确认，一般是反映进度计划执行中各个阶段的目标。通过这些关键事项在一定时间内的完成情况可反映项目进度计划的进展情况。

④ 进度曲线法。这种方法是以时间为横轴，以完成累计工作量（该工作量的具体表示内容可以是实物工程量的大小、工时消耗或费用支出额，也可以用相应的百分比来表示）为纵轴，按计划时间累计完成任务量的曲线作为预定的进度计划。从整个项目的实施进度来看，由于项目的初期和后期速度比较慢，因而进度曲线大体呈 S 形。

3. 项目日历

项目日历中规定了可以开展进度活动的工作日和工作班次。它把可用于开展进度活动的时间段（按天或更小的时间单位）与不可用的时间段区分开来。在一个进度模型中，可能需要采用不止一个项目日历来编制项目进度计划，因为有些工作需要不同的工作时段，可能需要对项目日历进行更新。

4. 经修正的项目管理计划

项目管理计划中需要修正或更新的内容包括进度基准、进度管理计划等。

5. 项目文件更新

① 工作资源需求：资源平衡可能对所需资源类型与数量的初步估算产生影响，因而需要对工作资源需求进行更新。

② 工作属性：制订进度计划过程中可能改变了资源需求和其他相关内容，需要对相应的工作属性进行更新。

③ 日历。因为有些工作需要不同的工作时段，可能需要对日历进行更新。

④ 风险登记册：需要更新风险登记册以反映进度假设条件所隐含的机会或威胁。

8.4　工程项目进度控制

在工程项目的实施过程中，由于受到种种因素的干扰，经常造成实际进度与计划进度的偏差。这种偏差得不到及时纠正，必将影响进度目标的实现。为此，在项目进度计划的执行过程中，必须采取系统的控制措施，经常地对实际进度与计划进度进行比较，发现偏差时，及时采取纠偏措施。进度计划控制的具体内容：① 对造成进度变化的因素施加影响，以保证这种变化朝着有利的方向发展；② 确定进度是否已发生变化；③ 在变化实际发生时，对这种变化实施管理。

8.4.1　工程项目进度控制的依据

（1）项目管理计划。项目管理计划中包含进度管理计划和进度基准。进度管理计划描述了应该如何管理和控制项目进度。进度基准作为与实际结果相比较的依据，用于判断是否需要进行变更，采取纠正或预防措施。

（2）项目进度计划。批准的项目进度计划称为进度基准计划，进度基准计划在技术和资源方面都必须是可行的。

（3）进度报告。进度报告提供了有关进度绩效的信息，如哪些计划的日期已经达成，哪些还没有。进度报告还可提醒项目团队注意将来有可能引起问题的事项。

（4）项目日历。在一个进度模型中，可能需要采用不止一个项目日历来编制项目进度计划，因为有些工作需要不同的工作时段。可能需要对项目日历进行更新。

（5）进度数据。在控制进度的过程中，需要对进度数据进行审查和更新。

（6）组织过程资产。能够有效进行进度控制的组织过程资产包括进行与进度控制有关的政策、程序和指南，进度控制程序以及监督和报告进度的方法等。

8.4.2 工程项目进度控制方法

8.4.2.1 进度监测的系统过程

工程项目实施过程中，项目管理人员应经常地、定期地对进度计划的执行情况进行跟踪检查，发现问题后，及时采取措施加以解决。

1. 进度计划执行中的跟踪检查

对进度计划的执行情况进行跟踪检查是计划执行后信息的主要来源，是进度分析和调整的依据。跟踪检查的主要工作是定期收集反映工程实际进度的有关数据，收集的数据应当全面、真实、可靠，不完整或不正确的进度数据将导致判断不准确或决策失误，为了全面、准确地掌握进度计划的执行情况，项目管理人员应认真做好以下三方面的工作：① 定期收集进度报表资料；② 现场实地检查工程进展情况；③ 定期召开现场会议。

2. 实际进度数据的加工处理

为了进行实际进度与计划进度的比较，必须对收集到的实际进度数据进行加工处理，形成与计划进度具有可比性的数据。例如，对检查时段实际完成的工作量的进度数据进行整理、统计和分析，确定本期累计完成的工作量、本期已完成的工作量占计划工作量的百分比等。

3. 实际进度与计划进度的对比分析

将实际进度数据与计划进度数据进行比较，可以确定工程实际执行状况与计划目标之同的差距。常用的进度比较方法有趋势分析法、关键路径法和挣值管理法。

（1）趋势分析法。趋势分析用以检查项目绩效随时间的变化情况，以确定绩效是在改善还是在恶化。图形分析技术有助于理解当前绩效，并与计划的完工日期进行对比。

（2）关键路径法。通过比较关键线路的进展情况来确定进度状态。关键线路上的差异将对项目的结束日期产生直接影响。评估次关键路径上的工作进展情况，有助于识别进度风险。

（3）挣值管理法。采用进度绩效测量指标，如进度偏差（SV）和进度绩效指数（SPI），来评价实际进度偏离初始进度基准的程度。总时差和最早结束时间偏差也是评价项目时间绩效的基本指标。进度控制的重要工作包括分析偏离进度基准的原因与程度，评估这些偏差对未来工作的影响，确定是否需要采取纠正或预防措施。例如，非关键线路上的某个工作发生较长时间的延误，可能不会对整体项目进度产生影响；而某个关键或次关键工作的稍许延误，却可能需要立即采取行动。

8.4.2.2　进度调整的系统过程

在项目进度监测过程中，一旦发现实际进度偏离计划进度，即出现进度偏差时，必须认真分析产生偏差的原因及其对后续工作及总工期的影响，并采取合理的、有效的进度计划调整措施，确保进度目标的实现。

1. 分析产生偏差的主要原因

进度拖延是工程项目建设过程中经常发生的现象。分析进度拖延原因可采用因果关系分析图、影响因素分析表，工程量、劳动效率对比分析等方法，详细分析进度拖延的各种影响因素及各因素影响量的大小。进度拖延的原因是多方面的，常见的有：

（1）工程项目各相关单位之间的协调配合。配电网工程项目是一个多专业、多方面协调合作的复杂过程，如果政府部门、业主、咨询单位、设计单位、物资供应单位、施工单位、监理单位等各单位间没有形成良好的协作关系，必然会影响工程建设的顺利实施。

（2）工程变更。边界条件的变化，如设计变更、设计错误、外界（如政府、上层机构）对项目提出新的要求或限制，会导致工程变更。当工程项目在已施工的部分发现一些问题或者由于业主提出了新的要求而必须进行工程变更时，会影响设计工作进度。例如，材料代用、设备选用的失误将会导致原有工程设计失效而重新进行设计。

（3）风险因素。风险因素包括政治、经济、技术及自然等方面的各种预见或不可预见因素。政治方面有战争、内乱、罢工、拒付债务、制裁等；经济方面有延迟付款、汇率浮动、换汇控制、通货膨胀、分包单位违约等；技术方面有工程事故、试验失败、标准变化等；自然方面有地震、洪水等。

（4）工期及相关计划的失误和管理过程中的失误。计划工期及进度计划超出现实可能性；管理过程中的失误，如计划部门与实施者之间，总、分包商之间，业主和承包商之间缺少沟通，工作脱节；等等。

2. 分析进度偏差是否影响到其后续工作和总工期

当某项工作发生实际进度偏差时，要分析该进度偏差是否影响到其后续工作的进展以及是否影响了总工期，这在实际工作中需要借助网络计划进行判断。根据该工作是否处于关键线路、其进度偏差是否超过该项工作的总时差和自由时差来判断对后续工作及总工期的影响。

第 9 章 配电网工程质量管理

质量管理工作是指对具体工程项目的施工质量的管理。

9.1 质量管理工作内容与方法

按项目施工阶段可分为施工策划阶段质量管理、施工准备阶段质量管理、施工阶段质量管理、施工验收阶段质量管理及施工总结评价阶段质量管理。

9.1.1 施工策划阶段质量管理

（1）建立健全项目质量管理体系，明确工程质量目标，落实质量管理各项职责分工。

（2）编制项目管理实施规划等质量管理文件，并在施工项目管理实施规划中编制标准施工工艺施工策划章节，落实业主项目部提出的标准工艺实施目标及要求，执行施工图工艺设计相关内容。

（3）根据《配电网工程工艺质量典型问题及解析》及工程质量通病防治任务书，编写《线路工程质量通病防治措施》，并报审。

（4）编制《施工质量验收及评定范围划分表》，并报审。

9.1.2 施工准备阶段质量管理

（1）进行项目部级全员技术质量交底。

（2）对施工现场使用的计量器具、检测设备，建立台账，并报审。

（3）根据“乙供材料需求计划”，报审选定的供货单位资质；参与或负责开工前期到场设备、原材料进货检验（开箱检验）、试验、见证取样、保管工作并报审。不符合要求时，向监理单位报《工程材料/构配件/设备缺陷通知单》，将不合格产品隔离、标识，单独存放或直接清除出施工现场；待缺陷处理后，再进行报审。

（4）对施工过程中所选用的特殊工种和特殊作业人员资格进行报审。

（5）必要时进行混凝土配合比、钢筋连接及导、地线压接首件试品试验，试验结果报监理确认。

（6）参加设计交底及施工图会检，将标准工艺作为施工图内部会检内容进行审查，提出书面意见。

（7）编制施工方案、作业指导书等质量实施文件，在施工方案等施工文件中，明确标准工艺实施流程和操作要点。

9.1.3　施工阶段质量管理

施工阶段质量管理内容有以下 6 方面：

（1）制作标准工艺。经业主和监理项目部验收确认后组织实施。及时参加标准工艺实施分析会，制定并落实改进工作的措施，全面实施标准工艺。

（2）参加监理项目部组织的后续到场的甲供材料的到场物资交接验收及开箱检查，做好设备材料的保管、运输及使用工作；加强现场使用前的外观检查，发现设备材料质量不符合要求时，向监理项目部报《工程材料/构配件/设备缺陷通知单》，提请监理及业主项目部协调解决。

（3）在监理的见证下进行后续自购原材料的检验试验，分批次进行报验，及时对原材料进行跟踪管理。

（4）后续进场人员、机械设备按规定报审。

（5）对混凝土施工，按规范要求留置混凝土试块，实施同条件养护，对混凝土试块抗压强度进行汇总级强度评定，做好钢筋连接过程质量控制，按规定进行留置钢筋焊接试品试件，做好工艺控制。

（6）根据工程进展，做好施工工序的质量控制，严格工序验收，上道工序未经验收合格不得进入下道工序，确保施工质量满足设计、质量标准和验收规范的要求，如实填写施工记录。加强工程重点环节、工序的质量控制。

配电工程：① 基础施工：跨江河通道、山地、松软土质及特殊地形地貌基础、基础冬期施工、大体积混凝土基础等。② 钢管塔工程：高塔、耐张塔结构倾斜等。③ 架线工程：导地线弧垂控制、防磨损措施；导、地线压接；对铁路、高速公路、35 kV 及以下电压等级输电线路等特殊跨越的净空距离控制等。实施施工首次试点，做好牵张设备、液压设备、滑车等影响工程质量的主要工器具、操作人员资质及成品质量的跟踪检查。

各项目部（含监理项目部）每月至少召开一次质量例会，班组（施工队）应每周召开一次质量例会，例会记录完整，签字齐全。

全面实施“标准工艺”，落实质量通病防治措施。采用随机和定期检查方式对过程标准工艺的实施情况及质量通病预防措施的执行情况进行检查，对质量缺陷进行闭环整改，并确认整改结果。

对分包工程实施有效管控，监督分包商按照工程验收规范、质量验评、标准工艺等组织施工，对隐蔽工程等关键工序（部位）进行过程控制，对专业分包商采购的工程材料、配件进行检验，确保分包工程的施工质量。

对监理项目部提出的施工中存在的质量缺陷，认真整改，及时填写《监理通知回复单》。配合各级质量检查、质量监督、质量竞赛、质量验收等工作，对存在的质量问题认真整改。

在接到“工程暂停令”后，针对监理部指出的问题，采用整改措施，整改完毕，就整改结果逐项进行自查，并应写出自查报告，报监理项目部申请工程复工。

按照国网农电管理信息系统（工程管理）要求组织做好施工阶段工程项目质量数据维护、录入工作，按照档案管理要求及时将工程质量管理的相关文件、资料整理归档。

发生质量事件后，实行即时报告制度。工程质量事件发生后，现场有关人员应立即向现场负责人报告；现场负责人接到报告后，应立即向本单位负责人报告；各有关单位接到质量事件报告后，应根据事件等级和相应程序上报事件情况。按照质量事件等级及时上报《工程质量事件报告表》，配合做好质量事故调查、方案整改及处理工作。及时填报《处理方案报审表》《处理结果报验表》。结合工程实际情况，积极开展质量控制活动。

9.1.4 施工验收阶段质量管理

（1）按照工程验评范围划分，执行三级自检（班组自检、项目部复检、施工单位专授）制度，做好隐蔽验收签证记录、三级检验记录、工程验评记录及质量问题管理台账。

（2）三级自检后，及时完成整改项目的闭环管理，出具自检报告，向监理项目部申请初检，对存在的问题进行闭环整改，积极配合中间验收工作并落实相关整改意见。

（3）配合工程竣工预验收，启动验收工作，完成整改项目的闭环管理。

（4）按要求向建设管理单位提交竣工资料，向生产运行单位移交备品备件、专用工具、仪器仪表，限期处理遗留问题。

9.1.5 施工总结评价阶段质量管理

（1）编写工程总结的质量部分内容，总结工程质量及标准工艺实施管理中好的经验和存在的问题，查找、分析存在的问题及原因，提出工作改进措施。

（2）参与建设管理单位组织的工程达标投产考核和优质工程自检工作，配合国家电网公司、省级公司完成优质工程复检、核检工作。

（3）按合同约定实施项目投产后的保修工作。

9.2 配电网工程质量管理与创新的思考

9.2.1 配电网工程质量管理措施

9.2.1.1 做好技术交底工作

配电网工程是一项系统性较强的项目，涉及诸多技术环节，任何一个细小方面的疏忽都可能导致质量通病问题，因此想要加强质量管理工作，技术交底是一项必须要引起重视的环节。在实际施工过程中，通过落实好技术交底，有助于降低安全事故隐患，提高工程质量，预防及避免可能出现的通病问题，实现施工前的质量有效管控。一方面，技术交底需要有高素质的技术人才，因此要加强对技术人员的统一培训；另一方面，要注意强化各单位的沟通交流，保障信息畅通，同时强化各单位的责任意识。

9.2.1.2　施工材料、机械管理

在配电网工程项目施工中，涉及大量的施工材料与机械设备，它们对于电网工程质量会产生直接影响，而在项目质量管理工作中，这一环节毫无疑问也是重点。首先，针对施工材料与机械设备，施工方要从源头进行严格把关，对于不满足施工质量要求的相关材料设备，坚决不允许进入施工现场，从而在根本上保障工程质量。其次，要时刻重视对施工材料设备的检查工作，形成日常化的规范制度，将定期检查与不定期抽查相结合，掌握好材料设备的各项参数信息，对于需要重点关注的材料设备要采取针对性的管理措施，及时发现施工材料设备可能出现的问题，进而让工程质量免受负面影响。最后，对于施工材料设备的选取要科学合理，要结合配电网工程项目的实际情况，参考施工条件、技术、工艺方法等各项要素，选择最恰当的施工材料与机械设备，确保其安全性和可靠性，进而让整个工程的质量得以提升。

9.2.1.3　施工方案、工艺管理

对于配电网工程项目而言，施工方案是统领整个质量管理工作的核心，项目工程的各项运营工作，都要严格按照事先制定好的施工方案进行，由此也不难看出，施工方案对于整个配电网工程具有十分重要的意义。科学合理的施工方案不仅能保障工程质量，还能在施工进度、工程成本等方面带来收益。对施工单位而言，关于施工方案的设计必须要仔细研究，反复论证，谨慎选择，同时综合项目具体实际、经济效益、技术、管理等多项因素，最终选出最优且具有可行性的方案，实现项目综合效益的最大化。当然，工程质量仍是要优先考虑的要素，针对不同的工程项目情况，施工方会选择采取不同的施工工艺，通过加强相应管理，有效管控施工技术方法，减少质量通病问题，进而保障最终的工程质量。

9.2.1.4　施工环境控制

施工环境具有复杂多变性，在配电网工程施工过程中，一旦遇到雨水、风雪天气，势必会影响施工的整体进度，无法保证工程的质量。一般情况下，影响配电网工程的环境因素主要有施工现场地质、施工地点温度等，其中温度和湿度对于配电网工程的影响较大。因此，在施工管理的过程中，应加强对环境因素的控制，避免影响工程的顺利开展。另外，还需建立完善的施工管理制度，对施工人员进行严格要求，以降低对配电网工程质量的影响。

9.2.1.5　做好基础设施建设工作

要想保证配电网工程顺利竣工，就必须做好基础设施建设工作，具体包括人员管理、设备管理两个方面。在配电网工程施工的过程中，要求施工人员具备一定的专业水平，并采取合理有效的管理手段，使其能积极参与到工作中，在对施工人员进行管理时，应结合多方面因素，一旦遇到配电网工程突发事故，施工人员应具备迅速处理的能力，不仅要能对自身和设备进行保护，还要能开展相应的施工工作。与此同时，在管理施工人员时，还应注重安全教育宣传的作用，避免偷盗等现象的发生，使所有施工人员都能发挥出自身价值，不断树立起良好的安全意识，提高自身的工作能力和水平。在设备管理方面，使用先进生产设备以及进口原材料，应提前做好使用数量的统计工作，并对购进的设备和材料进行检查，发现存在问题的应及时上报给相关部门，避免影响配电网工程的施工进度；如果所购进设备的费用超过预算费用，应向相关部门提出申请，审批合格后才能让生产设备、原材料进入施工现场。

9.2.2 配电网工程质量管理的创新

9.2.2.1 管理制度的创新

首先，针对配电网工程而言，想要在质量管理方面实现创新，就必须先从思想观念上加以转变，摒弃落后的管理思想，与时俱进，不断学习，更新管理理念，将管理理论与实践工作相结合。质量管理理念与制度的落实要贯穿整个配电网项目的全过程，统筹部署，全面规划，而不应仅局限于准备、设计等前期阶段，这样才能让管理工作的创新落到实处。其次，对于管理制度的创新不能主观臆想，更不能脱离实际，这要求相关单位结合配电网工程项目的具体实际，充分做好准备阶段的调研工作，掌握项目的各项信息，制定符合实际、科学合理且具有可行性的管理方案。最后，管理制度最终取得怎样的效果，关键还是在于具体落实情况。在管理制度制定完成后，各单位要严格按照要求对制度进行落实，并加强相应监督工作；同时，在工程项目开始之前，要组织全体人员开展相关培训学习工作，使他们对项目质量管理工作有一个全面深刻的认识，进而更好地保障质量管理工作的落实，明确相应责任。

9.2.2.2 安全质量管理的创新

创新对于配电工程而言具有十分重要的意义，尤其在安全质量管理方面。首先，应完善相应的安全管理体系，结合配电网工程的实际现状以及发展特点，在各个部门的共同管理下，对配电网工程的规划、设计、施工等环节进行完善，这样才能保障配电网工程的安全性，有效提高工程的质量。其次，配电网工程的管理应具有灵活性。在工程建设的过程中会存在一些不确定因素，一旦发生安全事故，应采取灵活的应对策略，将经济损失降到最低，这有利于提高配电网工程的整体水平，加快电力部门的发展。最后，应重视施工人员的生命安全。员工是企业发展的关键所在，也是实现创新价值的主要依靠，对配电网工程的施工环境进行分析，既能够为施工人员提供良好的工作环境，还能够降低安全隐患。另外，在配电网工程施工时，还应加强对施工人员的管理，要求他们持证上岗，并具备一定的专业能力、工作经验，在施工现场设置相应的警示牌，以最大限度保证施工的安全和质量。

第 10 章

配电网工程安全管理

10.1　安全管理工作内容与方法

安全管理工作主要包括项目安全策划管理、项目安全风险管理、项目安全文明施工管理、项目应急安全管理、项目安全检查管理等。

10.1.1　项目安全策划管理

（1）根据年度基建项目安全管理总体目标，结合工程建设的特点，编审年度工程安全管理策划方案。

（2）建立健全各类安全管理制度及安全管理台账，明确项目工程安全目标，落实安全管理各项职责分工。

（3）审批施工单位的“安全文明施工、质量控制实施细则”。

（4）工程建设过程中，每月组织召开一次安全会议，定期或不定期检查项目“安全文明施工、质量控制实施细则”的具体落实情况。

（5）项目竣工投产后，对安全管理策划方案的编制、执行情况进行总结。

（6）提供编制年度工程安全管理工作策划方案的支持性材料。

10.1.2　项目安全风险管理

（1）负责在项目上落实上级单位的安全风险管理相关工作要求。

（2）工程建设前，按照《配电网工程施工现场危险点及控制措施》，根据本工程建设特点，组织对工程进行重大危险源分析，列出重点控制危险源清单，采取预控措施。

（3）业主单位向施工单位提供作业环境范围内可能影响施工安全的有关资料；工程开工前由安全专责人员组织工程安全交底工作。

（4）组织项目参建单位对工程项目危险点进行分析，审查工程参建单位在落实“安全文明、质量控制施工实施细则”的施工过程中的危险因素辨识及预控措施。

（5）工程建设过程中，督促施工单位根据工程进度情况放置危险点及预控措施警示牌。

（6）在建设过程中，通过日常安全巡查、每月例行安全检查、专项安全检查、每月安全活动，检查项目危险点辨识、风险控制措施落实情况。

10.1.3 项目安全文明施工管理

（1）根据安全质量策划方案中确定的安全文明施工管理目标及保障措施，对工程建设项目安全文明施工进行全过程监督检查和指导，保证安全文明施工目标的实现。

（2）依据安全文明施工相关要求，负责核查现场安全文明施工开工条件。

（3）对进场的安全设施以及安全文明施工措施情况进行检查。

（4）审批施工单位“两措”费用。

（5）工程建设过程中，通过隐患曝光、专项整治、奖励处罚等手段，促进参建单位做好现场安全文明施工管理，持续提高现场安全文明施工水平。

（6）组织检查“安全文明施工、质量控制实施细则”在现场的实施情况，确保细则内容得到有效落实。

（7）制定配电网项目安全文明施工标准，并组织对标准应用情况进行监督、检查，通过整改完善，不断改进。

（8）组织参加有关安全管理竞赛活动，组织参建单位落实竞赛活动的有关要求，对照竞赛标准开展自查整改，提高项目的安全文明施工水平。

（9）工程建设项目竣工时，检查施工单位在建设过程中受到破坏的生态环境是否得到及时修整和恢复；并及时收集、归档施工过程安全及环境方面的资料。

（10）定期开展分析和总结工作，及时提出改进安全文明施工水平的建议。

（11）将现场安全文明施工水平作为项目评价的主要内容及对工程各参建单位进行资信评价的主要依据之一。

10.1.4 项目安全应急管理

（1）制定“安全事故应急预案”，包括组织机构、联系方式、人员和设备保障、职责、处理程序等。

（2）督促各参建单位成立应急管理机构，制定和完善触电、火灾、人身伤害、自然灾害、交通事故等应急预案。

（3）检查施工项目部编制的各类应急预案的报审情况及其编制内容的完整性、可操作性，以及各类应急措施的具体落实情况。

（4）结合工程的实际情况，督促施工单位组织开展项目应急预案演练，监督检查参建各单位对预案的执行情况，以及应急预案的有效性和响应的及时性。

10.1.5 项目安全检查管理

（1）组织每月的月度项目安全检查，分发检查通报并提出整改意见。

（2）组织开展项目春季、秋季安全检查和专项安全检查，编写检查总结。

（3）根据管理需要和现场施工实际情况适时开展随机检查，及时发现解决项目安全管理存在的问题。

（4）对于各类检查事先编制检查提纲或检查表，对安全检查中发现的安全隐患，下达“安全隐患整改通知书”，送责任单位签收，监督检查单位确认项目隐患闭环整改情况，公布检查及整改结果。

（5）各类检查中做好数码照片记录与归档工作。

（6）在月度例会中，针对安全检查中发现的安全问题进行安全管理专题分析和总结，及时掌握现场安全管理动态，督促施工单位制定针对性措施，保证现场安全受控。

（7）配合项目安全事故调查分析与处理，监督责任单位按要求整改。

（8）配合上级单位开展各类安全检查，按要求组织自查，编制自查报告（包括检查问题及整改结果反馈），监督责任单位对检查提出问题的整改落实方案。

10.2　安全管理机构及职责

10.2.1　项目建设管理单位安全职责

（1）贯彻落实国家、行业、国网公司、省公司有关安全生产的法律、法规、标准及公司配电网建设安全管理要求，制定完善的相关规章制度，编制年度配电网建设安全工作目标和安全管理工作策划方案，并组织落实。

（2）组织配电网建设管理人员开展安全教育培训和学习交流活动。

（3）监督与指导业主项目部和设计、监理、施工企业推进配电网建设安全管理标准化工作。

（4）定期开展对业主项目部和设计、监理、施工企业的安全检查评价，监督安全管理工作改进措施的落实。

（5）开展配电网建设安全风险管理，监督、检查工程项目关键工序及危险作业过程总风险辨识、评估、预控措施和应急管理等工作的落实情况。

（6）落实公司关于分包安全管理的各项具体要求，监督、检查在建工程的分包安全管理工作。

（7）组织公司配电网建设安全管理相关工作考核与评价。

（8）组织开展工程项目安全性评价、安全例行检查、专项检查，监督安全隐患闭环整改情况。

（9）组织或参与公司配电网建设安全事故的调查处理工作。

10.2.2　业主项目部安全职责

（1）参加招投标工作，受项目法人委托，签订合同和安全协议。

（2）制定工程项目安全目标和主要保证措施并组织实施，履行工程项目安全管理职责。

（3）负责工程项目现场安全工作的综合管理和组织协调。

（4）提供工程项目安全文明施工的基本条件，向施工企业提供施工现场的工程地质和地下管网线路资料；按照法律、法规规定，办理工程项目建设相关证件。

（5）监督、检查工程项目关键工序及危险作业过程中总风险辨识、评估、预控措施和应急管理等工作的落实情况。

（6）组织编制现场应急处置方案，开展应急演练。

（7）组织或配合有关部门开展安全、环境保护设施竣工验收。

（8）督促监理、设计、施工企业履行相关合同中有关安全生产的责任。

（9）负责对监理、设计、施工企业进行安全管理工作的考核与评价。

（10）负责监督施工企业安全生产费用的投入情况。

（11）负责收集、分析、上报配电网建设项目安全信息。

（12）组织或参与工程项目安全性评价、安全例行检查、专项检查，监督安全隐患闭环整改情况。

（13）参与工程项目安全事故的调查处理工作。

10.2.3 监理企业安全职责

（1）按照合同约定，依据国家、行业、国网公司、省公司有关配电网建设安全管理规定，对工程项目实施监理，并承担安全监理职责。

（2）建立健全安全监理管理制度及运行机制。制定安全监理目标、措施、计划，编制安全监理工作方案。

（3）组织项目监理人员参加安全教育培训，督促施工企业开展安全教育培训工作。

（4）审查项目施工组织设计中安全技术措施是否符合工程建设强制性标准。

（5）审查项目施工安全策划方案，安全文明施工实施细则、施工方案。

（6）审查项目施工过程中的风险、环境因素辨识、评价及其控制措施是否满足相关要求。

（7）审查项目施工中各类作业人员的上岗资格，监督其持证上岗。

（8）检查现场施工人员及施工机械、工器具、安全防护用品配置是否满足安全文明施工及工程承包合同的要求。

（9）对工程关键项目、关键工序、特殊作业和危险作业进行旁站监理。

（10）实施监理过程中，对发现的安全事故隐患要求施工企业整改，必要时暂停施工，并报业主项目部。

（11）收集、分析、上报监理项目的安全信息。

（12）参与工程项目安全性评价、安全例行检查、专项检查，监督安全隐患闭环整改。

（13）参与工程项目安全事故的调查处理工作。

10.2.4 设计企业安全职责

（1）按照合同约定，依据国家法律、法规和有关设计规范、标准进行勘察设计，提供真实、准确、完整的设计文件。

（2）设计文件应满足工程项目安全施工规范，符合国家、地方政府有关职业卫生和环境保护的要求，并保障各类管线、设施和周边建筑物的安全。

（3）根据施工及运行安全操作和安全防护的需要，必要时应增加安全及防护设施内容设计，设计文件应注明施工安全的重点部位和环节及采取的施工技术措施，提出防范安全事故的指导意见。

（4）对采用新结构、新材料、新工艺和特殊结构的工程项目，应提出保障施工人员安全和预防安全事故的措施和建议。

（5）参与工程项目安全事故的调查处理工作。

10.2.5　施工企业安全职责

（1）贯彻落实国家、行业、国网公司、省公司有关安全生产的法律、法规、标准及公司配电网建设安全管理要求，制定安全管理制度，保障安全文明施工各项措施落实到位。

（2）建立安全管理机构，成立安全委员会，健全安全管理体系，负责落实本企业及工程项目施工安全管理工作。

（3）明确年度安全工作目标、安全工作思路。

（4）编制年度安全技术措施计划，按照有关规定使用安全生产费用，确保安全技术措施所需的经费开支。

（5）建立安全风险管理体系和应急管理体系，完善现场应急处置方案，定期开展应急演练。

（6）组织从业人员的安全教育培训，保障各类人员持证上岗。

（7）负责工程项目的施工安全管理工作，履行施工合同及安全协议中承诺的安全职责。

（8）编制相关施工作业指导书，组织生产班组学习，并在施工过程中应用。

（9）编制符合工程项目实际的安全施工实施细则、施工方案，并报监理企业、业主项目部审查、审批后，负责组织、实施。

（10）对工程项目开展安全风险辨识、评估、预控措施和应急管理等工作并全面落实。

（11）组织安全文明施工，符合国家、地方政府有关职业卫生和环境保护的要求，保障各类管线、设施和周边建筑物的安全。

（12）对施工人员配置施工机械、工器具、安全防护用品，并符合安全文明施工及工程承包合同的要求。

（13）组织开展工程项目安全性评价、安全例行检查、专项检查，落实安全隐患闭环整改工作。

（14）严格执行工程分包安全管理规定，制定相关的管理制度，定期进行检查、评价、考核。

（15）收集、分析、上报工程项目的安全信息。

（16）参与工程项目安全事故的调查处理工作。

10.3 安全管理标准

项目安全管理的重要依据为国家及电力行业关于安全生产及建设项目安全管理的法律法规、国家标准、行业标准等。项目安全管理各项工作依据的主要管理标准如表 10-1 所示。

表 10-1 主要管理标准

管理内容	相关管理标准
项目安全策划管理	《中华人民共和国安全生产法》（中华人民共和国主席令第 13 号 2014 年 8 月 31 日） 《建设工程安全生产管理条例》（中华人民共和国国务院令第 393 号 2003 年 11 月 24 日） 《国家电网公司安全工作规定）（国家电网企管〔2014〕1117 号） 《电力建设安全工作规程》（DL. 5009－2014） 《环境管理体系要求及使用指南》（GB/T 24001－2015） 《环境管理体系原则、体系和支持技术通用指南》（GB/T 24004－2004） 《职业安全健康管理体系 要求》（GB/T 28001－2011） 《国家电网公司电力建设安全健康与环境管理办法》（2008 版征求意见稿） 《国家电网公司电网建设工程安全管理评价办法》（国家电网基建〔2011〕1015 号）
项目安全风险管理	《国家电网公司安全风险管理体系实施指导意见》（国家电网安监〔2007〕206 号）
项目安全文明施工管理	《国家电网公司电力建设安全健康与环境管理办法》（2008 版征求意见稿） 《中华人民共和国安全生产法》（中华人民共和国主席令第 13 号 2014 年 8 月 31 日）
项目应急管理	《国家电网公司应急工作管理规定》［国家电网（安监 2）483－2014］ 《国家电网公司应急预案管理办法》［国家电网（安监 3）484－2014］
项目安全检查管理	《中华人民共和国安全生产法》（中华人民共和国主席令第 13 号 2014 年 8 月 31 日） 《建设工程安全管理条例》（中华人民共和国国务院令第 393 号 2003 年 11 月 24 日） 《国家电网公司安全工作规定》（国家电网企管〔2014〕1117 号） 《职业安全健康管理体系 要求》（GB/T 28001－2011） 《环境管理体系要求及使用指南》（GB/T 24001－2015） 《环境管理体系原则、体系和支持技术通用指南》（GB/T 24004－2004） 《国家电网公司安全事故调查规程》（国家电网安监〔2011〕2024 号） 《生产安全事故报告和调查处理条例》（中华人民共和国国务院令第 493 号） 《电力建设安全工作规程》（DL5009－2014） 《国家电网公司电力安全工作规程 配电部分（试行）》 《国家电网公司安全风险管理体系实施指导意见》（国家电网安监〔2007〕206 号） 《国家电网公司应急工作管理规定》［国家电网（安监 2）483－2014］ 《国家电网公司应急预案管理办法》［国家电网（安监 3）484－2014］

第 11 章

配电网工程合同管理

在当前激烈的市场竞争中，电力施工企业必须在政府管理、行业自律、企业诚信的前提下做好合同管理工作，并针对自身存在的不足，强化合同管理，才能提高企业经济效益和社会效益。

11.1 施工合同管理

电力建设施工合同是指承包人按照发包人的要求，依据勘察、设计的有关资料、要求，进行施工建设、安装的合同，是承发包双方为实现建设工程目标，明确相互责任、权利、义务关系的协议；是承包人进行工程建设，发包人支付价款，控制工程项目质量、进度、投资，进而保证工程建设活动顺利进行的重要法律文件。有效的合同管理是促进参与工程建设各方全面履行合同约定的义务，确保建设目标（质量、投资、工期）实现的重要手段。因此，加强合同管理工作对于承包商以及业主都具有重要的意义。

11.1.1 配电网施工合同特点

电力施工企业长期运作于系统内部，法律意识不强、议价能力较弱，经常出现施工企业被迫接受苛刻的合同条款解释的情形。

由于电力建设投资大、技术含量高、施工周期长等，施工合同管理具有如下特点：

（1）由于电力施工合同的生命周期长，受外界影响大，导致合同管理周期长、跨度大，受外界各种因素影响大，同时合同本身也常常隐藏着许多难以预测的风险。

（2）由于电力建设投资大、合同金额高，使得合同管理的效益显著，合同管理对工程经济效益影响很大。合同管理得好可使承包商避免亏本，赢得利润；否则，承包商将要承受较大的经济损失。据相关资料统计，对于正常的工程，合同管理好坏对经济效益影响达 8% 的工程造价。

（3）由于参建单位众多、项目之间接口复杂等特点，使得合同管理工作极为复杂、烦琐。在合同履行过程中，涉及业主与承包商之间、不同承包商之间、承包商与分包商之间以及业主与材料供应商之间各种复杂关系，处理好各方关系极为重要，同时也很复杂和困难，稍有疏忽就会导致经济损失。

（4）由于合同内外干扰事件多，合同变更频繁，因此要求合同的管理必须是动态的，合同实施过程中合同变更管理显得极为重要。

11.1.2 配电网施工合同中的问题与难点

电力工程建设的复杂性决定了施工合同管理的艰巨性，目前我国电力建设市场尚不完善，建设交易行为尚不规范，使得建设施工合同管理中存在诸多问题，主要表现在以下几个方面：

（1）合同文本不规范。国家工商局和建设部为规范建筑市场的合同管理，制定了《建筑工程施工合同示范文本》，以全面体现双方的责任、权利和风险。有些建设项目在签订合同时为了回避业主义务，不采用标准的合同文本，而采用一些自制的、不规范的文本。从目前实施的建设施工合同文本看，施工合同中绝大多数条款是针对发包方制定的，其中大多强调了承包方的义务，对业主的制约条款偏少，特别是对业主违约、赔偿等方面的约定不具体，也缺少行之有效的处罚办法。通过自制的、笼统的、含糊的文本条件，避重就轻，转嫁工程风险，这不利于施工合同的公平、公正履行，成为施工合同执行过程中发生争议较多的一个原因。

（2）合同双方法律意识淡薄，少数合同有失公正。由于目前电力建筑市场的激烈竞争和不规范管理，大量的施工队伍与建设规模严重失衡，致使业主在建设工程承包中处于主导地位，提出一些苛刻和不平等的条件，将自身的风险转移到承包商身上，合同双方权利、义务不对等现象时有发生。同时，由于建筑市场处于买方市场，承包商为了获得工程项目，只好接受。个别承包商在实施这样的工程合同时，为了使自己的利益不受损，就会采取偷工减料或非法分包甚至分非转包等手段，给工程建设带来隐患。

（3）建设施工合同履约程度低，违约现象严重。有些工程合同的签约双方都不认真履行合同，随意修改合同或违背合同规定。合同违约现象时有发生，如业主暗中以垫资为条件，违法发包；在工程建设中业主不按照合同约定支付工程进度款；建设工程竣工验收合格后，发包人不及时办理竣工结算手续，甚至部分业主已使用工程多年，仍以种种理由拒付工程款，造成建设市场严重拖欠工程款的顽疾；承包商不按期依法组织施工，不按规范施工，导致延期工程、劣质工程，严重影响工程建设市场。

（4）合同索赔工作难以实现。索赔是合同和法律赋予受损失者的权利，对于承包商来讲是一种保护自己、维护正当权益、避免损失、增加利润的手段。而建筑市场的过度竞争、不平等合同条件等问题，给索赔工作造成了许多干扰因素，再加上承包商自我保护意识差、索赔意识淡薄，导致合同索赔难以进行，受损害者往往是承包商。

（5）专业人才缺乏也是影响建设项目合同管理效果的一个重要因素。建设合同涉及内容多、专业面广，合同管理人员需要有一定的专业技术知识、法律知识和造价管理知识。很多建设项目管理机构中，没有专业技术人员管理合同或合同管理人员缺少培训，将合同管理简单地视为一种事务性工作，甚至有的合同领导直接敲定由一般办公人员办理，一旦发生合同纠纷，缺少必要的法律支援。

（6）合同主体不当。在合同的签订方面，对当事人也有一定要求，即当事人主体必须合格，这也是合同能够有效成立并且履行的前提条件。但是想要成为合格的主体，就必须要有一定的民事权利及民事行为能力，还需要对下面两种情况进行防范工作：第一，具有这两种条件和能力的人不是合同当事人，这样的情况被称为“当事人错位”；第二，作为合同的当事人，却不具备这两种条件和能力，这样的情况被称为“合同主体不当”。因此，对于合同签订而言，必须保证当事人具备这两种条件和能力。同时，在合同方面，也出现了许多不合理的因素，导致合同本身就存在漏洞，使得合同不完善、不具体。而在合同中，最容易出现的漏洞便是合同违约制，一些合同在制定的过程中，只讲正面因素，不讲反面因素，一旦合同双方有一方违约，在合同中看不到违约处罚的内容。

（7）合同文字不严谨。文字不严谨，也就是文字使用不准确，这样一来就容易在合同的内容上产生误解和分歧，让合同不能履行或者履行中出现争议。同时，还要保证合同的从属关系，即在合同的签署方面，不仅要有主合同，还要有附属合同，主合同指的是能够进行独立存在的合同，如电力工程承包合同；附属合同则是指只有在主合同存在的前提下，才能成立的合同，也就是从属合同，如电力施工分包合同及工程质量保证合同等，这样的合同还有个别名，称为“无源之水”。

（8）合同内容带有违法行为。从目前的电力施工企业来看，不少电力企业在合同的制定和签署方面都会出现以合法的形式去掩盖非法目的的现象，这实质上也属于无效合同。在当前国际社会中，我国经济日益发展，我国的电力施工企业在境外也开始了施工建设工作，并且施工项目日益增多，由于受到语言、当地法律等问题的影响，与国外所签订的电力施工合同还存在着许多的问题。对于这些问题，要弄清合同的含义，对漏洞进行查补，从而使施工能够顺利进行，以免造成不必要的损失。

11.1.3　配电网施工合同管理与措施

当前社会对电力的需求越来越大，电力施工企业必须完善自身工作，加强供电设施建设，保证满足当前的社会发展和生活需求。因此，合同管理对于电力施工企业就成了企业发展的基础管理工作，同时也成为对社会的一种责任和态度。

针对配电网施工合同存在的问题与难点，应该做好以下几个方面工作：

（1）借鉴国际经验，推行适用于电力建筑市场的合同示范文本。电力建筑市场同样面临对外开放问题，在工程管理的许多方面要与国际惯例接轨。因此，在合同管理方面，要不断借鉴国际先进经验，以加速建立和完善符合市场经济需求的合同管理模式。目前新的建设工程施工合同示范文本，很大程度上参考了FIDIC文本格式，较以往合同文本有较大的改进，有利于促进建筑市场的健康、有序发展，应该严格执行。

（2）加强合同法律意识，减少合同纠纷产生。承包商由于缺乏法律和合同意识，在签订合同时，对其中某些合同条款往往未做详细推敲和认真约定，即草率签订，特别是对违约责任、违约条件未做具体约定，这些都直接导致工程合同纠纷的产生。因此，在签订合同过程中，承包商要对合同的合法性和严密性进行认真审查，减少执行合同时产生纠纷的因素，把合同纠纷控制在最低范围内，以保证合同的全面履行。

（3）加大合同管理力度，保证施工合同的全面履约。为保证施工合同全面履行，建

设行政管理部门应把施工合同管理工作列为整顿规范市场工作的重要内容。要在严把审查关的基础上，加大合同履约管理力度。对资金不到位的项目不予办理工程报建手续，不得组织招投标，建设行政主管部门不予办理施工许可；坚决取缔垫资、带资施工现象，努力净化建筑市场，进一步维护承包商的合法利益。

建立与工程量清单相配套的合同管理制度。在工程量清单计价法推广实施后没有新的计价办法配合相应的合同管理模式，使得招投标所确定的工程合同价在实施过程中没有相应的合同管理措施。建议尽快研究相应配套措施和管理办法，健全体制，完善操作。施工企业一定要牢固树立合同至上的原则，信守诺言，一切按合同办事，重视合同的履行，加强合同管理。

（4）认真办理签证，重视工程索赔。工程索赔是在工程承包合同履行中，当事人一方由于另一方未履行合同所规定的义务或者出现了应当由对方承担的风险而遭受损失时，向另一方提出赔偿要求的行为。在实际工作中“索赔”是双向的，既包括承包人向发包人的索赔，也包括发包人向承包人的索赔。一般来说，发包人索赔数量较小，而且处理方便，可通过冲账、扣拨工程款等实现对承包人的索赔，而建筑施工企业对发包人的索赔则比较困难一些。因此，建筑施工企业除严格控制施工阶段的建造成本外，还要加大工程索赔的力度，不仅要快速及时对合同中的文字规定的内容进行明示索赔，而且要理解合同中某些条款的含义，结合工程施工特点和企业自身情况进行默示索赔。对于工程索赔要特别重视工程延误索赔、工程变更索赔、合同被迫终止索赔、工程加速索赔、意外风险和不可预见因素索赔等。

（5）推行合同管理人员持证上岗制度。加强建设项目合同管理队伍建设，加强合同管理人才的培养，实行合同管理人员持证上岗制度，亦是提高建设项目合同管理效果的重要举措。目前，我国已正式推行注册造价工程师制度，造价工程师的一项重要职责就是搞好建设项目的投资控制和合同管理。因此，建议在建设项目管理机构中设置注册造价工程师岗位，专司合同管理职责。

11.2 物资采购合同管理

我国经济社会的不断进步与发展，使得我国各个企业以及人民对电力的需求越来越大，同时也对我国电力系统的稳定性和安全性提出了更加严格的要求，因此电力系统内部的物质保证也显得尤其重要。通常情况下，物资采购活动直接决定了电力系统物资的质量，是电力系统物资的重要保证，同时也是电力系统正常运行的基础环节。电力企业的物资采购环节的工作是通过物资采购合同实现和约束的。在物资采购合同中，明确规定了采买双方的权利和义务，合同也是采买双方之间交易的唯一约束文件，具有相应的法律效力。因此，电力物资采购合同的制定与签署是电力物资采购以及电力系统正常运行的重要保证。

实施电力物资采购合同的有效管理能更好地防范电力物资采购风险，提高物资管理部门的整体管理水平，加强物资采购合同履行过程的控制，提高合同履约水平，优化合同管理流程，提高合同管理效率。电力物资采购合同管理坚持依法从严管理，严格合同签约履约，深化“集中签订、集中结算”的合同管理模式，建立上下联动、统筹协调的物资现场服务和履约协调机制。通过对物资采购合同的签约、履约全流程管控实现物资管理的科学化、规范化、标准化、法制化，从而提高了企业的经济效益，提升了企业的社会形象。

11.2.1　电力物资采购合同风险点

一般情况下，电力系统与电网企业的建立与正常运行，需要各种物资与材料的使用。这些材料主要包含了各种供电输电设备、输电线、开关与闸刀等，此外，能对电力系统的正常生产起到辅助作用的都属于电力材料。我国的电网企业由大型的运营企业与单位运行和管理，因此对于电力物资、材料的采购量也非常大。这需要企业投入大量的成本，有资金的支持。所以，电力物资的采购是一个非常关键的环节，直接影响电力物资的质量与电力企业的正常运行。

以往电力企业管理者的法律意识较为薄弱，对于采购合同的签订的重视程度不够，而目前，随着我国电力企业的不断发展，电力企业领导层具备了相应的法律知识，对合同的重视程度得到了提升，但是在合同条款的拟定以及签署过程中仍然存在一定的问题，如合同的签订没有合理的管理流程和科学的管理方法，合同的监管制度不够完善等问题。这些问题的存在导致制定和签署的物资采购合同常常发生合同风险，而电力物资的采购和供应出现各种问题将影响电力系统和电网企业的稳定发展，给人们的正常生活工作及我国各个企业的正常运营造成不便，甚至造成直接国民经济的损失。

在电力物资采购合同的管理中，存在多种不稳定的风险因素，这些因素将导致风险事故的发生。其中可能出现的风险有以下几种：

（1）品质风险。所谓的品质风险就是指在电力企业采购物资时，物资的质量与品质没有达到规范要求或者使用要求，甚至出现质量与数量的问题。一般情况下，品质风险在电力企业的运行中具有至关重要的作用。如果使用的物资质量或者数量出现了问题，就会给电力企业的正常生产运行带来严重的危害，影响电力系统的稳定与安全。

（2）存货风险。所谓的存货风险主要是指在物资采购的过程中，因为决策者或者管理人员的失误而造成物资的供过于求，从而使物资出现挤压现象，占用企业资金，从而引发存货风险。

（3）交期风险。所谓的交期风险是指物资采购的过程中，交款、交货的时间没有严格根据合同中约定的时间来执行，从而给电力企业的生产带来影响，甚至造成经济损失。

（4）弹性风险。这一风险主要是指在物资采购的其中一方，对于需要采购的物资数量的估计失误，或者物资出现了价格调整现象，给一方带来经济损失。

11.2.2　物资采购合同管理中存在的问题

（1）合同条款、签订合同的流程和管理不规范。通常情况下，采购合同的制定是需要经过一定的制式流程的，并且合同中的每一项条款都是需要采买双方经过沟通交流之后结合双方意见共同制定的。但是由于目前一些专业人员和管理人员对于采购合同的重视程度不够或者相应的法律意识不够，导致最终制定的采购合同条款内容不全面、条款用语模棱两可、采买双方的权利义务的界定不够明确等相关问题的出现，从而导致合同风险的发生，造成电力系统的损失，威胁电网的稳定和安全。

（2）供应商的选择机制不健全。在电力物资的采购过程中，需要格外关注：供应方的实际能力、提供货物的能力，所提供的物资的品质、价格是否合理，在业界的信誉等。这些都会直接影响到物资采购合同的风险管理。因此，在对供应商的选择上需要建立一个健全完善的制度，从而切实保证供应方在合同履行过程中不出现风险问题。

（3）合同履行的监控制度不完善。电力物资采购合同签订后，合同需要及时地履行，这是签订合同很重要的一个方面。为了保证物资采购合同的切实履行，电力企业需要对供货方的履约行为进行监督。这个监督过程和监督工作并不是一蹴而就的，而是一个动态且连续的过程，需要的不只是供应方履行承诺和全面配合，更需要电力系统内部采购部门的相互配合。而目前，电力系统内部之间的相互配合程度对于合同的监督来说仍然不够。

（4）文本合同的选择。日常的合同都有一定的标准化和规范化的合同样本，电力企业在招标、签订合同时要选择规范合同文本，特别需注意不能随意变动合同中的主要条款。

（5）履行义务、签订合同的授权代表。电力企业的物资采购各环节涉及人员负责如招标、签订合同、送货、验收等。其中的某些人员虽紧跟每个环节，经办各项事宜，但并不一定能够代表法定代表人；或是他们得到法定代表人的授权，部分经办事项也在其权力范围，如代替他人签字确认等工作，应谨防各环节中涉外人员的不当利用，规避合同管理中的授权代表风险。

（6）签订合同印章。当下很多企业并没有统一、规范的印章使用方法，但合同的约定中注明了各种印章的使用规则和要求，比如在签署合同时必须使用合同专用章或企业公章，货物的签收使用的是业务专用章，签订合同时不能用错印章或使用约定形式以外的印章。

（7）合同违约责任的确定。合同的违约责任必须合理、公开地说明、应用，这是一把无形的“双刃剑”，若是将违约责任设定得较为苛刻或条件太高，仲裁委员或法院会视其无效，这也就让合同中的违约约定形同虚设，并不利于企业维护自身利益。

（8）合同争议约定。目前的法律对合同的争议问题提供了很自由的解决空间和方式，在《中华人民共和国仲裁法》中有规定：“当事人采用仲裁方式解决纠纷，应当双方自愿，达成仲裁协议。没有仲裁协议，一方申请仲裁的，仲裁委员会不予受理。”而《中华人民共和国民事诉讼法》也规定：“合同的双方当事人可以在书面合同中协议选择被告住所地、合同履行地、合同签订地、原告住所地、标的物所在地人民法院管辖。”

（9）签署合同的有效时间。签订合同时往往容易忽略合同的签订时间或合同生效日期，当合同出现争议的时候，便不能准确界定合同的具体交易时间，出现权责不清、事实不明的情况。另外，可能出现超过诉讼时效等各种法律风险问题，对于合同的附加条件、时间限期等也不能进行准确的掌握。

（10）合同中注明的送达地址。大部分公司存在注册地址和实际经营地址不一致的情况，也有同一家公司多地经营的情况，在合同签订后为了避免出现纠纷导致合同双方出现沟通问题或资料函件等无法送达的问题，在签署合同时要注意双方企业的文件、资料送达地址的确认。

（11）注意合同细节。采购合同中要注意各项参数信息，如保质期、技术参数情况、厂家信息、配件等，避免后续出现更加严重的问题。

（12）关注合同诈骗。正常签订合同与合同诈骗区别性很小，合同诈骗往往存在很强的隐蔽性，在投标时应注意某一人持有多家公司进行围标的情况，他们可能利用虚假的合同主体和相关企业签署合同，接受完预付款或贷款后即不见踪迹。另外，注意空壳公司的合同，其容易导致采购物资无法得到有效保障，也可能出现无故中止合同、随意更改合同条款、物资延期交货等情况。

11.2.3　电力物资采购合同风险防范对策

11.2.3.1　对电力物资采购合同实施创新管理，完善合同签订流程和机制

目前，我国处于经济建设新时期，社会各方面的企业都需要创新管理，完善机制。电力企业作为我国国有经济的一个重要组成部分，在日常的工作和管理中，更需要创新管理理念和手段，推动管理创新，为其他企业做好示范，在电力企业物资采购过程中，需要健全的合同制定和签约机制，不论是合同条款的确定、合同条款的最终定稿，还是合同的最终签订都需要制定完整的签约机制，并且这些制度的确定必须经过严谨的商议，同时在每一次合同的制定和签订过程中都需要不断地进行实践，在实践过程中发现问题并及时改善。除此之外，为了切实将合同中的风险降到最低，在合同拟订的过程中，供需双方都需要指定相关人员进行合同条款的商定。这样做可以防止合同欺诈行为的出现，以及规避合同漏洞，以保障双方权益不受侵犯。在需要购买的物资过多的时候，要分清采购的主次，精准定位市场，判断价格涨幅，确保物资供应不会出现断裂的情况，从而将合同风险降到最低。

11.2.3.2　加强合同弹性

供应商和电力企业在合同签订的过程中应该将天气等各种不确定因素纳入合同考虑的范畴，适当增加合同的弹性，以保障双方的利益。具体问题具体分析，根据具体情况适当对合同进行变更，将风险和双方的利益损失降到最低。

11.2.3.3　健全供应商的选择机制

在电力物资的采购过程中，需要进行正规且专业的公开招标，并且要严格按照招标程序进行供应商的选取。除此之外，电力企业内部需要制定一个健全的选择和考评机制，对于供应方的供货能力和供货品质给予精准的判断，从源头上切实保证电力物资的品质，以及保证供货方的专业素养和履行合约的能力，从而防止合同风险事件的发生。

11.2.3.4　完善物资采购合同内部控制制度和监督制度

电力企业采购部门必须重视合同的内部管理工作，不断健全相关体系，发挥合同管

理的作用。

（1）电力采购物资工作要按照不同的购买环节做好具体的人员分配，落实岗位责任制，从而更好地强化监管，提高工作的效率，避免分工不当导致的互相推诿。

（2）对物资采购的各个环节进行明确的分工和一定程度上的责任限制，保证购买工作的合理性，确保物资质量符合标准。

（3）不断完善内部控制管理者的综合素质，对电力企业的相关人员进行培训，组织他们开展集体学习，培养他们树立工作责任感，切实完善合同管理，为企业贡献力量。

11.2.4 采购风险防控举措分析

11.2.4.1 防控采购风险

企业在采购时应注意的风险，财政部《企业内部控制应用指引第 7 号——采购业务》中都有所提及，需要着重关注以下几点：① 不科学、不合理的采购计划，没有准确预测市场的变化形势，使得企业出现库存积压或者短缺，从而引起企业的生产停滞、物资的浪费；② 没有选择适当的供应商，未制定合理的采购方式，定价或招标的机制不科学，相应的审批授权程序不规范，致使采购的物资价位偏高，从而引发欺诈、舞弊行为；③ 物资采购的验收环境不标准，没有严格审核付款流程，出现信用、资金损失或者资源浪费。

11.2.4.2 企业合同风险管理

企业的合同管理风险在《企业内部控制应用指引第 16 号——合同管理》有明确的规定：① 合同管理中，没有签订合同，不经授权签订的合同，合同主体不符合要求，合同的内容有欺诈、疏漏风险等，都将影响企业单位的合法权益和经济利益；② 合同的履行不到位、不全面或者监督管理不当，会让企业面临损失经济利益、诉讼失败的风险；③ 关于合同的纠纷问题不能妥善解决，将会影响企业在行业间的信誉、形象以及自身的利益。

11.2.5 电力企业的合同内控制度管理

电力企业的合同管理制度中，明确了合同管理办法、企业合同审核的细则、合同检查的考核管理规范、合同文本的细则管理等，明确规定了合同管理中的原则、责任划分、流程管理、合同授权和委托等，形成了相对完善的内控制度，即包括了合同管理的基本流程、合同的编号与规则、合同分类表、管理制度的体系等，其中重要的规定是：合同管理的原则应遵循“统一归口、统一职责、统一流程、统一分类、统一文本、统一平台”。换言之，要统一进行相关经济法规部门归口管理，统一将经济法律管理业务系统采用为合同的信息化管理平台。合同的管理流程中明确了合同的双方当事人及合同起草、谈判、审核、签署、履行、归档、备案、检查和考核的相关流程和具体的要求。其中合同审核制度规定负责部门要根据责任的划分对合同内容等进行前期的初审以及后续复审，标注具体的审核内容，明确审核意见。

11.2.6 电力企业的物资采购合同内控措施

(1) 加强物资采购的合同管理意识和风险防范。企业各级部门和相关负责人应知晓相应的法律知识，思想上重视物资采购合同的风险管理及内控管理。

(2) 提升合同管理能力，增强相关合同管理人员的责任心、专业素质能力和业务水平，增强其合同管理的风险识别能力和管控能力，切实贯彻各项合同管理制度。

(3) 企业合同管理的部门要树立相关的权威性、独立性，让部门能够对合同商进行制约，并规范合同选商、签订和履行、结算等过程。

(4) 进行合同的风险性分析和建立相关的监控体系，及时应对异常的情况。

(5) 严格控制物资预算，详细制定物资采购的业务编制和预算系统。

(6) 控制合同管理的内部审计，及时发现审计过程中的薄弱环节、预计的风险，及时规避问题。

(7) 合同管理中进行内部管控的创新，比如机械设备的监督、物资质量的抽样检查等。

(8) 规避各项风险，主动放弃风险损失较大、损毁较为严重的项目，尽可能地规避各项风险问题。

(9) 进行风险的转移，合同签订时可以通过协议的方式来避免企业在特定的采购活动中因为风险而需要承担的责任，或是将可能的风险损失投保在保险公司。

(10) 进行风险承担，分析研究以往的风险损失情况，预先控制好风险及可能发生的意外损失，将风险损失降到最小。

11.3 合同的索赔

近年来，我国市场经济因其快速发展而在不断发生变化，越来越大的工程规模项目产生了越来越复杂的工程实施环境，各式各样的风险因素在此环境中滋生发芽，导致建设工程施工合同在履行过程中存在各式各样的问题，如果不能十分恰当地处理此类问题，很可能会影响到合同双方的合作。所以划分清楚合同双方责任极其重要，这就要依赖于签订的合同文件。施工索赔事件发生在合同履行过程中的各个阶段，需要在以合同文件为依据的基础上进行处理，索赔管理在合同履行中的作用举足轻重，能够更加合理地处理双方的利益冲突。

在工程建设中，“低中标，高索赔”是建设领域耳熟能详的业内箴言。就某一建设项目而言，一个有经验的承包商在分析、研究招标文件，确认该项目有一定的索赔空间后，会采取最低价中标，再在项目建设过程中索赔，以达到赢利的目的。有人说，建设项目工程造价 = 合同价 + 索赔额，从该式可以看出，索赔额的大小直接影响工程造价的高低。近几年的统计资料表明，承包商在建设过程中提出的索赔额占工程造价的30%左右，并且有上升的趋势。因此，加强合同索赔管理，有效控制索赔，是非常必要的。

11.3.1 索赔概念与性质

索赔是指在合同履行过程中，对于并非自己的过错，而是应由对方承担责任的情况造成的损失向对方提出经济补偿和（或）时间补偿的要求。《中华人民共和国民法通则》第一百一十一条规定，当事人一方不履行合同义务或履行合同义务不符合约定条件的，另一方有权要求履行或者采取补救措施，并有权要求赔偿损失，因此，索赔是法律赋予索赔人的权利。

由于施工现场条件、气候条件的变化，施工进度、物价的变化以及合同条款、规范、标准文件和施工图纸的变更、差异、延误等因素的影响，使得工程承包中不可避免地出现索赔。索赔是业主与承包商之间经常发生的管理业务，性质属于经济补偿行为，并非带有惩罚性，索赔的损失结果与被索赔人的行为并不一定存在法律上的因果关系（如物价上涨、不可抗力事件、第三方行为等引起的索赔）。据有关统计资料显示，国际工程通过项目管理，可提高3%～5%的利润，而通过索赔管理，则可提高10%～20%的利润；每项工程的平均索赔次数为20次，索赔成功率约93%。由此可见，工程索赔对工程施工经济效益的影响和作用之大，要想创造更大利润，必须对索赔加以重视并进行有效管理。

11.3.2 索赔产生原因

在工程建设过程中，导致合同索赔的原因很多，常见的原因有以下几点：

1. 风险引起的索赔

一般包括合同风险、政治风险、经济风险等，如物价暴涨、自然条件的变化、施工现场条件复杂、各种法律法规的变化、涉外项目的货币汇兑风险等。近年来，由于我国建设工程施工队伍不断扩大，大部分施工企业存在任务不足的现象，建筑市场竞争日趋激烈，有的建设单位利用自己处于主导地位的便利，在招标和合同签订时，采用不正当或不合法手段，把本该由业主承担的风险转嫁到承包商身上，导致承包商承担的风险比例增大。施工索赔一般由承包商为维护自身的合法利益而提出。

2. 工程量变化引起的索赔

实际施工完成的工程量往往与设计工程量有出入，根据规定，当合同价变更增减超过15%时允许对有效合同价进行调整，引起合同价变化的主要原因是工程量的变化。

（1）工程量的增加，势必要求增加新的施工机械或增加原有机械的数量，引起承包商计划外的投资，扩大了工程的计划成本。工程量削减，则引起原有设备的窝工或弃置不用，导致承包商的亏损。

（2）工程量的变化，导致承包商已准备好的建筑材料数量变化，引起索赔。

（3）由于工程量变化引起原定工期变化，从而引起工期延长或赶工，引起索赔。

3. 施工条件变化引起的索赔

工程在施工过程中，不可避免地出现新的变化，如设计变更、自然条件的变化等。承包商的报价是以原招标文件和设计图纸为基础计算的，根据合同条款，施工图纸中改变任何工作的数量和性质，或改变工程任何部分的施工程序或施工方案，都是变更，如果此类变更影响了承包商的费用，承包商就可要求重新估价，并提出延长工期的要求。工程施工中，由于天气、水文、地质、停水停电等因素影响，都将造成工程的工期延长或延误，从而引起施工索赔。

4. 突发的自然灾害引起的索赔

突发的自然灾害是指施工中遭遇的实际自然条件比招标文件所描述的更为困难和恶劣，这些不利的自然条件增加了施工难度，导致承包商必须花费更多的时间和费用，为此承包商提出索赔。

5. 工程变更引起的索赔

当业主决定更改合同文件中所描述的工程，使得工程任何部分的结构、质量、数量、施工顺序、施工进度和施工方法发生变化，即称为发生了“工程变更”。由于工程项目建设的复杂性、长期性和动态化，任何合同都不可能在履行前预见和覆盖实施过程中的所有条件和变化。因此，在工程建设中，工程变更是不可避免的，由于工程变更导致费用增加或工期损失，则承包商提出索赔。

6. 工程师指令引起的索赔

工程师指令通常表现为工程师指令承包商加速施工、进行某项工作、更换某项材料、采取某种措施和停工等。如果这些指令导致费用增加或工期损失，则承包商提出索赔。

7. 其他承包商干扰引起的索赔

由于其他承包商未能按时完成某项工作、各承包商之间配合协调不好等而给本承包商的工作带来干扰，导致费用增加或工期损失，则承包商提出索赔。

8. 业主违约引起的索赔

业主违约通常表现为业主未能按合同规定为承包人提供应由其提供的使承包人得以施工的必要条件（如未能按时提供场地使用权、未按时发图纸、材料供应不及时或存在质量问题等），或未能在规定的时间内付款，导致费用增加或工期损失，则承包商提出索赔。

9. 合同缺陷引起的索赔

合同缺陷通常表现为合同文件规定表现不严谨甚至矛盾、合同中的遗漏或错误。建设工程施工合同文件的组成不仅包括合同文本（协议条款、专用条款、通用条款），还包括中标通知书、投标书及其附件、标准、规范及有关技术文件、图纸、工程量清单、工程报价单或预算书。这诸多的合同文件如果有矛盾、遗漏或错误将按合同规定的顺序解释，而执行合同后导致费用增加或工期损失，则承包商提出索赔。

11.3.3　合同索赔管理对策

11.3.3.1　做好合同管理是索赔成功的依据

合同管理包括多方面的内容，在索赔管理方面，应做好以下工作：

（1）做好合同文件的管理。对合同文件的管理工作需要从认真研究合同文件入手，做好风险分析和必要的防范措施，尽可能地避免、转移或减少风险损失，使风险合同条款合理化。

（2）做好合同的变更管理。合同变更时，需做好合同变更资料的整理和证据的采集工作。

（3）合理签订分包合同。对于大型建筑工程，承包商通常都愿意将部分工程分包给其他承包商施工，充分利用分包商的技术和资源优势来弥补自己的不足，同时还可以转移部分风险。

（4）争取投标时的保留条件。通常情况下，招标方大多数是不允许投标文件附带条件的，但如果对方允许，或者承包商在投标时采用多方案报价、增加建议方案的报价技巧时，可以设计允许保留的条件，在此类情况下，承包商应该充分利用这一点来保护自己的利益。

（5）合理建立联合体。承包方如果组建联合体，首先要树立“共担风险第一，同享利益第二”的共识。否则，一旦联合体内部相互推诿责任，最终将导致联合体运转不灵，无法达到合同目的。

（6）完善合同管理制度。在工程建设中，需要不断对合同管理制度进行建立和完善，对工程项目管理技术进行优化，将国外一些现有经验借鉴引用到国内的合同管理中，将符合我国市场发展需求的合同管理模式尽快建立起来，可以参考 FIDIC 文本格式，对施工合同不断规范，从而实现建筑市场的健康可持续发展。

（7）健全信用评价体系。建立信用评价体系主要是为了加强了解工程合作双方，使彼此间的信任得到增进，进一步推动合作发展。另外，该体系也能够确保合同的顺利签订实施。所以，信用评价系统需要在合同双方之间建立起来，评价内容主要包括三方面：一是资金财务情况，二是日常经营状况，三是对方的组织结构。要等级化地对评价对象的信用进行分析，并为主要的合作对象建立相应的专属档案，并将专属档案纳入信用评价等级，加强与信用评价体系得出信用度较好的单位的交流合作。

11.3.3.2 把握索赔要素是索赔成功的保障

成功索赔的要素包括树立正确的索赔意识，及早发现索赔机会，并及时发出“索赔通知书”，索赔事由论证要充足，还要注意业主与承包商的关系，业主与监理工程师的关系。

（1）在编写索赔报告文件和进行索赔谈判时，运用合同知识及相关的法律法规来解释和认证自己的索赔数额，并能正确计算出应得的工期延长和经济补偿。

（2）正确认识索赔作用的误区。索赔是对己方无过错而遭受的损失要求对方补偿的一种手段。从本质上看，索赔的成功只能是达到损失的追偿的目的，不能单纯将其当作盈利手段。若损害为承包商自身责任造成的或是合同规定由承包商应承担的，就应当由承包商自己承担。

（3）做好成本管理。主要包括定期的成本核算和成本分析工作，进行成本控制，能够及时发现成本超出原因。若发现哪项费用支出超过成本计划，应立即分析原因，采取相应措施；若发现是属于成本计划外的支出时，应及时提出索赔补偿。

（4）提高索赔谈判能力。合同索赔人员的谈判能力对索赔的成败关系甚大，谈判者既要通晓合同全部内容，又要熟懂工程技术，还要具备较好的谈判能力，并善于利用合同知识来论证自己的索赔要求。

第 12 章

配电网工程物资管理

物资需求管理的本质是以物资的物理属性、物资用途、物资价值等维度建立物资分类体系，同时以电网规划、通用设计和通用设备为支撑，以信息化为手段，开展物资需求侧分析，进而开展需求侧管理，以分析促管理，以管理优化分析，对物资需求开展全方位的管理。

12.1　需求计划管理

配电网物资需求计划主要是批次物资需求计划和协议库存物资需求计划，物资需求计划经综合平衡或平衡利库后形成相应的物资采购计划。

12.1.1　物资计划的职责分工

（1）省公司物资部是公司物资需求计划工作的归口管理部门，其主要职责是负责制定省公司物资计划实施方案与相应的管理办法；负责依据省公司年度物资需求计划制订采购安排，及时组织物资计划采购；负责组织相关部门对年度及批次物资需求计划进行审核；负责做好物资计划的统计、分析、考评等工作。

（2）市公司物资供应部门是本单位物资计划工作的归口管理部门，其主要职责是负责本单位物资需求计划的汇总、初审、报送工作；负责所辖县（区、市）供电公司物资计划的汇总、报送工作、物资需求计划的分析、考评工作。

（3）项目主管部门的主要职责是负责督促物资需求的专业管理部门及时申报需求计划；审核管理范围内的年度及批次物资需求计划。

（4）需求部门（包括各县区）其主要职责是负责本部门（单位）物资需求计划的汇总、初审、报送工作；负责本部门（单位）物资需求计划的分析、考评工作。

12.1.2　批次物资需求计划管理流程说明

（1）市公司物资供应部门按照批次计划上报时间节点安排和相关要求，通知各需求部门（包括各县、区）提报需求计划。

（2）项目主管部门负责在 ERP 系统中建立项目，维护采购需求数据、创建预留，并

将相关资料发送市公司物资供应部门。

（3）市公司物资供应部门根据上报的物资需求，结合可调配资源，开展平衡利库工作，经调出单位核对后，上报省公司做调配申请，并将结果反馈到需求部门。

（4）需求部门根据平衡利库结果，对于无法利库或无法供应的需求，核减上报物资数量，并在系统中填报技术规范 ID 号。

（5）需求部门组织内部审查，修改采购申请和技术纪要，编写审查纪要。

（6）市公司物资供应部门组织审查人员对批次需求计划进行集中审查，并将审查意见通知物资需求部门，做好现场整改工作，出具审查意见。

（7）需求部门根据审查意见，修改采购申请和技术规范 ID，完成上报。

（8）市公司物资供应部门汇总相关资料，编写集中规模招标批次审查报告，并将物资需求计划按申报时间要求，分批次填写好相关信息进行上报。

（9）市公司物资供应部门组织相关技术人员参与省公司集中审查，并根据审查专家意见做好相关修改工作。

（10）省公司审查结束，汇总本单位上报结果，将审查意见和结果反馈给物资需求部门。

（11）市公司物资供应部门整理和移交相关资料。

12.1.3 协议库存物资需求计划管理流程说明

（1）市公司物资供应部门按照协议库存物资需求计划申报的时间节点和相关要求，向需求部门下发协议库存物资计划编制工作通知。

（2）需求部门结合年度综合计划、预算和历史采购数据开展分析和预测工作，形成协议库存物资需求计划后统一在 ERP 信息系统中提报。

（3）市公司物资供应部门组织相关专业管理部门，审核协议库存物资需求计划的合理性，提出审查意见，修改完成后向省公司物资部提交。

（4）省公司物资部组织相关专业管理部门，对协议库存物资需求计划进行审核，形成协议库存采购计划。

（5）协议库存采购计划中标结果下达后，需求部门每月按照项目实际需要提出统购统配申请，经市公司物资供应部门提交至省物资公司。对前期项目配套等特殊要求的计划，需求部门应提出匹配建议。市公司物资供应部门负责调整、审核本部门管理的项目物资需求计划，负责审核管理其他相关物资需求部门上报的计划。

（6）市公司物资供应部门负责供货范围内市、县两级物资需求计划的整理、汇总，组织审查和上报工作。

12.1.4 组织保证

（1）市公司成立市、县两级物资需求计划上报网络，明确物资需求计划管理人员和分管领导，加强信息的共享和交流。

（2）物资需求部门负责根据本单位年度固定资产投资计划，综合计划，财务预算的编制、调整、批复情况，编制、调整、审核本部门管理的项目物资需求计划，负责审核管理其他相关物资需求部门上报的计划。

（3）市公司物资供应部门负责供货范围内市、县两级物资需求计划的整理、汇总、组织审查和上报工作。

12.2　需求侧分析与管理

12.2.1　需求侧分析

准确的物资需求预测体系是有效掌握物资未来需求，保证物资及时供应和有效降低库存的前提，为需求侧分析提供最可靠的数据资料。需求分析以项目规划为支撑，根据规划项目库，从电压等级、规模等分析、预判物资需求情况。需求侧分析与项目规划同步，结合历史数据，通过人工合理地审查与矫正，编制物资年度及批次采购需求预测，并根据年度物资采购的实际情况进行滚动修编。

1. 年度计划合理性分析

结合国家电网、省公司下达的年度招标批次，结合历史申报、审查、修订等实际情况，对年度物资采购计划的合理性进行分析；对物资的属性、需求量、需求部门进行审查，审查物资需求是否合理、是否存在非标物料等；对批次的申报准备时间、上报截止时间、集中审查时间、整改截止时间进行规定，让各申报单位对计划申报有个整体的概念，使物资需求计划管理关口前移，便于各需求单位提前做好准备。

2. 批次计划匹配性分析

物资公司在批次计划上报时，组织区域内物资计划员与设计院、需求单位一起召开批次招标启动会，将年度计划进行分解，根据项目前期推进情况，结合国家电网、省公司招标批次计划，明确该批次招标物资的范围和时间节点，将本批次申报时的重点注意事项、历史批次计划审查中出现的问题，结合最新审核要点和要求进行全面传达。批次计划必须与年度招标计划相匹配，必须以年度计划申报为依据，并提供相关支撑材料，做到项目采购无年度计划不报，无支撑材料不报，保证计划申报的合理性。

3. 均衡性分析

为避免需求单位计划申报时，某个批次物资报很多，某个批次物资报很少，甚至不报，年底因为财务结算资金发生，一次性上报过多，造成批次计划实施的严重不均衡，一般按照项目计划推进物资、申报工作。一般上半年工程多于下半年工程，上半年到货物资的计划申报多于下半年，物资部门应及时掌握需求单位申报的动态情况，根据物资领用历史数据及年度工程开工计划进行分析，整理存在的共性问题，限期整改物资采购计划，避免物资申报的无序，确保物资均衡申报。

4. 多维度分析

对不同的上报单位开展横向物资采购计划分析，不同单位由于工程量及投资金额的不同，上报物资的种类及数量也存在相应的比例关系。通过横向对比分析，查找不同上

报单位之间的差异，通过分析差异性与工程开工投资计划进行对比，查找出不合理的采购计划，进行针对性的计划整改。在横向分析的同时，对同一部门上报的物资开展纵向分析，分析每个上报批次的上报量，分析本批次上报资料之间的关联性及本批次上报物资与已上报批次物资的关联性，通过纵向分析与横向分析，对物资上报审查点做到多维度、全覆盖。

12.2.2 需求侧管理

结合需求侧分析成果，通过奖惩通报、源头管控、严控执行、协同管控等方式开展需求侧管理，持续优化管理，坚持物资需求管理“统一、集中、全面、刚性”的原则，通过统一平台、统一标准、统一报送，做到全面覆盖、及时准确、科学高效、闭环管理。

1. 实践奖惩通报机制

结合国网公司及省公司对采购计划上报的有关考核要求，对相关项目需求单位开展调研，编制计划管理奖惩通报管理标准，依据奖惩规定对亮点做法予以推广并奖励，对管理落后的需求单位进行相应的考核通报，以奖惩机制强化物资需求管理，提升物资管理水平。

2. 源头管理需求上报

配电网物资供应全部采用统购统配模式，有利于物资需求管理，提高物资保障，降低管理风险，按月统计汇总配电网计划招标物资及未履约物资，对需求单位的总体上报计划进行严格的管控，批次上报计划前开展平衡利库，对本部门可以满足供应的需求不上报采购计划。

3. 严控需求管理执行

避免盲目上报需求计划，导致库存物资出现积压，采购物资要进行合理消耗，针对需求上报不准产生积压，公司按照“谁形成积压谁负责利库”的原则对上报需求计划的项目单位开展通报，需求单位通过开展变更设计等方式，对本部门上报计划引起的积压物资优先领用，这在降低库存金额、提升库存物资周转率的同时也提高了需求部门对物资计划采购的认识，有利于计划上报的准确性。

4. 开展物资计划协同管控

定期组织计划上报网络成员及相关需求单位召开物资需求管控分析会，对存在的问题系统地分析与讨论，提出更改措施，对各个管理环节的关联性进行重新梳理，了解后续及亮点做法并开展讨论，结合物资的履约及库存管理现状开展讨论，通过梳理整个物资供应链物资的实际工作开展情况，便于在后续管理过程中做出相应的调整。

第 13 章 配电网工程信息管理

13.1　配电网工程信息管理与思考

13.1.1　配电网工程项目信息管理的内涵

配电网工程信息管理指的是信息传输的合理组织和控制。在投标过程中、承包合同洽谈过程中、施工准备工作中、施工过程中、验收过程中，以及在保修期工作中形成大量的各种信息，还有许多有价值的信息应有序地保存，以供其他项目施工借鉴。配电网工程信息管理不应简单理解为仅对工程的信息进行归档，为充分发挥信息资源的作用和提高信息管理的水平，施工单位及其项目管理部门都应设置专门的工作部门（或专门岗位的人员）负责信息管理。

配电网工程的信息管理是通过对工程实施过程各项工作和各种数据的管理，使项目的信息能方便、有效地获取、存储（存档是存储的一项工作）、处理和交流。

13.1.2　配电网工程信息管理工作

配电网工程信息管理的主要工作包括公共信息、工程总体信息、施工、项目管理信息。

13.1.2.1　收集并整理相关公共信息

公共信息包括工程前期、招投标、实施、竣工验收所涉法律、法规和部门规章信息，市场信息以及自然条件信息。

（1）法律、法规和部门规章信息，可采用编目管理或建立计算机文档方式存入计算机。无论采用哪种管理方式，都应在施工项目信息管理系统中建立法律、法规和部门规章表。

（2）市场信息包括材料价格表，材料供应商表，机械设备供应商表，机械设备价格表，新材料、新技术、新工艺、新管理方法信息表等。应通过每一种表格及时反映市场动态。

（3）自然条件信息，应建立自然条件表，表中应包括地区、地质、年平均气温、年

最高气温、年最低气温、冬雨风季时间、年最大风力、地下水位高度、交通运输条件、环保要求等内容。

13.1.2.2 收集并整理工程总体信息

配电网工程总体信息包括工程名称、工程编号、建设规模、总造价；建设单位、设计单位、施工单位、监理单位和参与建设其他各单位等基本项目信息，以及基础工程、主体工程、设备安装工程、调试工程等信息；工程实体信息、场地与环境、施工合同信息等。

13.1.2.3 收集并整理相关施工项目管理信息

（1）施工信息内容包括施工记录信息、施工技术资料信息等。其中，施工记录信息包括施工日志、质量检查记录、材料设备进场记录、用工记录表等。施工技术资料信息包括主要原材料、成品、半成品、构配件、设备出厂质量证明试（检）验报告，施工试验记录，预检记录，隐蔽工程验收记录，基础、主体结构验收记录，设备安装工程记录，施工组织设计，技术交底资料，竣工验收资料，设计变更记录，竣工图等。

（2）项目管理信息包括项目进度控制信息、造价信息、安全信息、竣工验收信息。其中，项目进度控制信息包括施工进度计划表、资源计划表。造价信息包括配电网工程定额及计价依据、市场价格信息等。安全信息包括安全交底、安全教育、安全措施、安全处罚、安全事故、安全检查等。竣工验收信息包括工程质量合格证书、施工技术资料移交表、项目结算书、质保单等。

13.1.3 配电网工程信息精益化管理思路

由于配电网设备点多面广，设备基数大，且按照专业管辖范围，基础数据分散在不同的管理系统中，缺乏统一的数据集中分析平台，缺少科学高效的系统监测和校验手段，因此在没有实现系统整合的前提下，各个系统中产生的基础数据无法得到有效利用。通过充分挖掘数据价值，汇集多方数据，实施数据质量治理，为配电网精准投资奠定数据基础。

13.2 配电网工程档案管理的实践和探索

13.2.1 配电网工程项目档案的特点

1. 牵涉范围广、内容多

与主网工程有所不同，配电网工程项目施工工序多、范围广。以天津蓟县供电分企业为例，其每一年有120多个配电网工程项目，并且每个项目都包括4个阶段，即前期、施工、验收工程与运行。档案管理就包括了很多施工程序，如工程施工、项目审批、项目设计、项目监理等。

2. 不确定因素多

配电网工程项目因为施工人员、施工环境、工期节点等问题，会出现很多不确定因素。要避免此类情况，就需要档案部门联系各个施工部门，做好沟通和交流工作，及时把握工程项目最新情况。

3. 配电网系统复杂

配电网络因为进城入村的特性，与用户生活生产紧密结合。电网具备结构复杂多变的环网联络接点，设备与装置有很多种型号，配电网自动化应用十分广泛。但具体来讲，供电企业想要确保供电的稳定性，既需要对资料规范分类，也需要控制与分析可靠性指标。

13.2.2 配电网建设项目档案管理现状

1. 档案资料不完备，档案资源利用率不高

在项目施工中，经常出现材质试验报告以及原材料进货状况等跟踪记录不全面的状况，同时还有缺乏工程照片、填写的隐蔽工程技术记录内容不全等问题。在工程验收时，档案资源整合中也经常出现问题，如没有全面验收资料、字迹材料不符合规范要求、竣工图编制不完善以及随意变动设计内容等问题。

2. 收集难度高，不确定因素多

配电网建设项目与城市规划密切相关，城市规划时常变更，配电网建设项目会有很多难以确定的因素，并且工程的批文通常会联合多个项目，这就造成工程依据性文件不全的问题。当前，主要由兼职人员负责项目档案信息收集工作，这表明由业务部门全权负责收集档案工作加大了业务部门的工作负担。通过调查发现，业务部门对项目档案收集工作并不重视，导致难以收集全项目档案。

3. 档案意识落后，档案交接不及时

很多项目负责人并没有较高的移交用户档案资料信息的意识，通常都会将协议材料、审批材料与许可证等资料原件放入业务部门；很多需要按时移交的材料信息也没有移交。同时，在资料管理专职人员新老交替、项目负责人调整岗位时，档案没有被及时交接，造成了工作前后脱节的现象。

13.2.3 加强配电网建设项目档案管理的有效方法

1. 落实权责，提高有关人员档案意识

一是加大宣传档案管理力度，通过联系和沟通专业人员，构建良好的、和谐的工作关系，增进专业人员对档案工作的理解及支持；二是完善岗位职责，明确权责，并将权责真正落实，哪里出现问题都能找到相应的负责人，避免权责不清情况的出现；三是提高档案人员超前控制意识。档案人员需要积极参与到配电网项目文件建设中，深入了解单位生产运作情况，从根本上加强档案管理意识。

2. 注重制度建设，建立完善的档案制度

一是将交接档案制度落实好。在工作流程中纳入档案交接工作，项目负责人在正式离岗之前必须做好档案交接工作。二是要确保档案工作科学化、标准化。配电网建设项目归档要求与范围需要以文件形式发给工作者，确保相关人员可以按照规章制度严格办

事。三是要提高各部门领导干部的档案意识。在结束自检配电网建设项目后，部门领导就需要布置好各环节档案工作检查任务，真正将任务落实到有关人员。在验收工程中，以执行档案工作一票否决制为主，建立完善的档案管理制度，对于表现好的项目管理人员及时给予奖励，奖励形式包括物质奖励及精神奖励，以物质奖励为主，进而大大提高项目管理人员工作的积极性和主动性。

3. 提高工作的主动性，做到眼勤、口勤、手勤

在工作中需要做到口勤、眼勤、手勤。眼勤指的是第一时间发现需要移交的配电网建设项目档案信息资料，通知有关责任人进行移交；口勤指的是经常与工程技术工作者交流，指导和培训工程施工以及建设单位的档案工作人员；手勤指的是档案管理人员要为工程各个阶段有针对性地提供服务，并将项目进度信息保存好，做好实时跟踪工作。

4. 提高利用率，充分发挥档案的作用

要在良好、合理的配电网项目建设管理下，提供优质的、最佳的档案服务，在企业内形成人人重视档案管理的氛围，并充分发挥档案优势，有计划地编研档案，确保可以充分发挥档案的作用，更好地为有关部门提供服务。对于任何行业来讲，档案的作用都是巨大的，因此，应积极发挥档案作用，切实促使档案为有关部门的决策提供科学依据。

5. 注重培训和提高，加强档案人员业务工作能力

一是提高档案人员的工作能力。要组织本企业以及部门负责人学习我国的档案法律法规，重视基层班组对工程管理文件信息与资料的归档，最大限度上加强这些人员的档案管理能力。二是档案人员要熟悉和了解业务工作。无论是专职档案人员，还是兼职档案人员，都需要对辖区内建设和规划配电网的基本知识和工作流程进行了解，并对档案资料的内容与保存意义深入了解。三是定期或者不定期对档案人员进行培训。在培训中使档案人员真正意识到档案管理工作的重要性，从而在以后工作中更加努力，切实做好自身本职工作，为发挥档案作用奠定坚实的基础。

13.2.4 加强配电网建设与改造项目档案管理的措施

1. 注重对档案人员的培训

在工程初期，档案人员就需要与项目参建单位协调和交流，做好培训工作，保证电子化工程项目文件的完整与规范，提高档案人员的工作质量。在培训中，有关企业应建立完善的培训制度，严格落实培训制度，真正从多方面加强档案人员整体工作能力，使其真正意识到档案文件收集与整理的重要性。

2. 专人负责档案管理工作

配电网工程中的项目，虽然建设规模都不是很大，但是分解项目数量很多，管理工序也十分复杂，若是不及时收集和归档建设中的文件资料，就会给工程建设带来巨大的经济损失。档案管理部门应明确意识到档案管理工作的重要性，规范管理项目档案的各个细节，将项目档案工作作为一项重点工作，从工程开始到完成，设置专门的档案人员负责整理和完善档案。在项目刚进行时，就需要明确档案管理目标，对档案进行规范分

类，并及时归档，确保档案信息的系统性。另外，档案管理并不是一项短期的工作，而是一项长期的工作，需要市区、县级配电网领导和档案人员的高度重视，唯有从思想上真正重视起来，才能够提高档案管理工作的质量。

3. 建章立制，规范高效管理

对于配电网建设工程项目，从刚刚开始就需要做好档案管理工作，尽可能做到提前布置、提前落实，从配备档案人员、库房建设以及新设施添置等方面入手，为同步进行档案管理与工程建设工作奠定坚实的基础。为了规范进行项目档案管理，各项目建设企业都需要构建完善的档案管理制度，具体需要从以下几点入手：一是将平常检测施工中是否形成了完整的、规范的文件材料作为重点工作，要求工程师在检测工程质量的基础上，对各大参建企业形成的文件资料进行检查，并履行具体的签证手续，进而确保完工资料的完整和规范。二是实施“提前介入”，档案管理部门结合档案形成的特征，在工程立项之前就与相关部门做好交流，明确目标及具体要求，将档案工作作为日常工程管理中一项重要内容，对前期文件及收集的材料都给予高度重视。三是设定具体的归档范围，让工程项目参建单位以此作为具体依据，确保规范进行档案归档。

13.3 配电网工程信息化管理思路

配电网工程信息化管理思路的重点是搭建项目群集控平台。

13.3.1 加快配电网设计管理信息化建设

完成配电网标准化设计管理系统在配电网工程实施的部署，实现配电网工程典型设计应用的在线管控，同时配合标准化设计评价的技术支撑，协助制定评价细则，客观开展设计成果评价。

13.3.2 强化工程管控系统应用

积极在工程管控系统应用基础上，根据基层的实际需要，组织研发配电网工程管理平台，开发项目管控 APP，基础信息由工程管理模块自动同步，实现批次工程、单项工程、月计划、周计划、日计划等信息的集成整合，这在解决基层缺乏计划管控手段的同时，提高了业主方对工程的整体把控能力。

13.3.3 推广项目群现场安全管控系统

在配电网工程现场全面应用工程安全管控系统，实现对施工队伍管理、现场勘察、作业现场安全措施等情况的在线掌控、定期分析、评价和考核，所有项目群信息按项目/项目群设置标签，并提供按群检索功能。

13.4 基于移动互联应用的配电网工程全过程管控体系建设与实践

13.4.1 实施背景

1. “互联网+”技术对配电网工程全过程管控提供有效支撑

移动互联与智能终端技术的迅速发展，为配电网工程管理领域推进“互联网+”技术应用，提高工程安全、质量、效率提供了技术条件。“互联网+”技术发展推动了互联网和传统行业融合，也为配电网领域信息互联提供了重要的技术支撑，应用“互联网+”技术可以促进配电网管理模仿工业生产线模式，实现高效的流程化管理，使繁杂的管理任务得到合理分解和高效完成，并使各个环节实现可视可控。随着公司系统配电网管理精益化的不断深入，在配电网项目标准建设、安全管控、工艺质量、进度高效及规范管理等方面提出了更高的要求，需要通过信息化应用实现信息的自动生成、收集和传递，对人员行为和工作标准进行规范。

2. 助力打造坚强智能电网的发展战略的需要

坚持履行坚强智能电网发展战略使配电网工程配电自动化、信息化管理等方面取得了积极进展，随着互联技术的高速发展，云计算、大数据、物联网、移动应用等技术为配电网领域互联提供了重要的技术基础，迫切地需要“互联网+”支持配电网管理方向从粗放化向精细化演变，开展“互联网+”在配电网应用领域的跨界探索和研究，促使配电网行业管理的实时化、动态化、可控化。配电网工程管控外网移动应用利用“互联网+”技术，通过统一平台的应用，可提高工作效率、工作质量，降低项目的管理和生产成本。为了进一步提高管理水平和管理效率，降低管理成本，实现实时采集信息管理技术全覆盖，优化安全管理流程，有效监督和控制外来施工队伍、人员流动，减少低层次违章现象的发生，实施配电网工程全程管理是必要的。

3. 解决配电网工程管理难题和提升信息化水平的需要

由于配电网工程单体工程投资小、项目分布广、数量多，现场环境复杂，同时参建单位人员大多缺乏工程管理方面系统的、专业的知识和技能，在实施过程中存在着一些矛盾。一是建管人员配置不足与配电网工程批次多、项目多的矛盾，导致分配到每个建管人员的工作量大、事务重，存在管理不到位的工作隐患，缺少有效的管控手段。二是安全形势严峻与现场管理不到位的矛盾，由于配电网工程分布点多面广，现场情况复杂，管理人员无法逐个到岗，不能全面、全过程把控现场作业安全。三是管控效率不高与精益化管理要求的矛盾，管理模式未能够规范统一，管控效率不高。四是配电网全过程管理信息化系统间数据链路不畅，关键节点信息未实现有效共享。现有 PMS 2.0 工程管控模块、标准化设计管理系统、需求编制辅助支持软件、标准化设计软件等多个已建成的信息系统之间未能实现项目信息、关键节点的有效继承和共享，从配电网工程全过程业务流程考量，存在进一步优化和集成的必要。

13.4.2 建设与实践过程

13.4.2.1 开发移动应用平台，实现配电网工程全期信息集成

1. 开发移动应用技术系统

研发“配电网工程管控移动应用”，完成平台端项目管理、安全管理、施工过程管理、验收管理、评价体系、参建单位管理、项目部管理、系统辅助功能及统计分析 8 个一级功能，以及单体工程管理、施工单位管理、监理单位管理等 119 个二级功能的实施工作。系统分为配电网工程管控移动应用管理系统、配电网工程管控移动应用接口服务、配电网工程管控 APP 三大模块。首先使用配电网工程管控 APP 访问配电网工程管控移动应用接口服务，然后接口服务访问系统数据库服务器，配电网工程管控移动应用管理系统运用系统数据库服务器实现对 PMS 2.0 系统等平台的后台数据共享，从而实现了配电网工程项目管理、大修技改工程项目管理、施工作业信息管理、现场签到管理、身份识别、定位安全稽查、安全措施、工艺质量、物资缺陷实时上传、实时调阅、施工过程管理、验收管理、考核评价体系建立及参建单位管理等 18 项功能，见图 13-1。

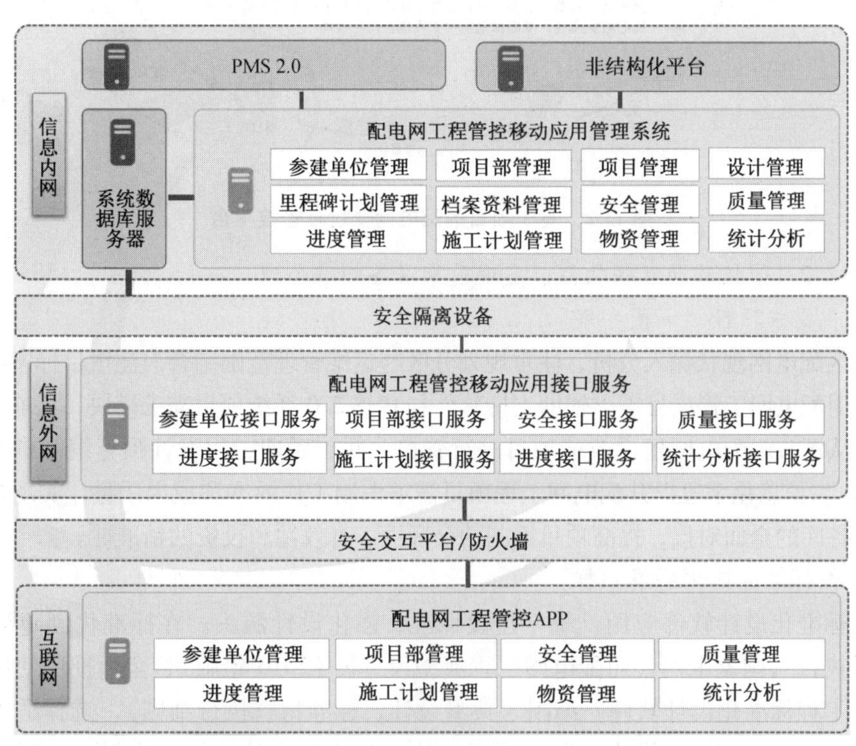

图 13-1 配电网工程管控移动应用系统架构

2. 构建移动应用管控平台

基于移动应用系统，利用现代信息技术和移动互联网技术，对配电网项目的项目需求编制、工程设计、施工过程、工程竣工验收等任务进行全过程分解与推进，实现参建各主体间的合理分工和信息共享。同时，从施工现场易用性、实用性角度出发，自下而

上开展业务流程梳理和需求调研，以业务流程闭环为主线，以关键节点资料自动采集归档为基础，实现管理人员对配电网工程全过程信息在线、透明管控的管理目标。项目的配电网全过程管控（图 13-2）平台，集项目需求、项目设计、现场施工、竣工验收、资料归档等在线一体化实时闭环管理，让用户可随时随地同步操作，实现手机端与 PC 端的整合，线上与线下的整合。无论何时何地，能上网就能高效协同业主单位、设计单位、监理单位与施工单位一起在线办公，实现“责任明晰到人、流程节点监控、关键痕迹留存”的配电网工程移动管控目标。

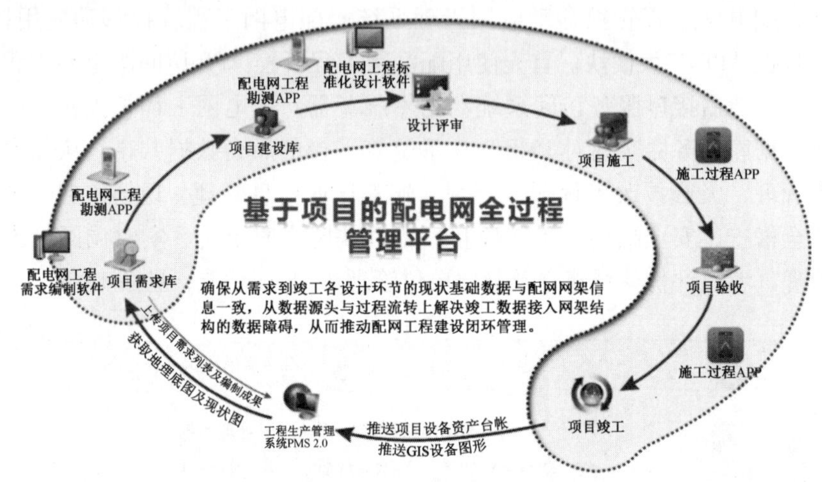

图 13-2　基于项目的配电网全过程管控平台

13.4.2.2　依托移动互联软件，实现前期准备精准合理

1. 细化需求项目“一图一表”

对辖区配电网现状深入分析，注重规划分区与运维管理范围结合，注重目标网架与问题结合，应用配电网工程项目需求辅助支持软件和 PMS 2.0 系统项目需求模块，从前期需求编报入手，从源头对配电网建设改造项目进行管控，并与后期工程设计预算编制贯通，运用“移动互联”信息化手段提升配电网工程项目需求编制工作效率和成果质量，实现与发展专业项目储备库的全面对接，提高项目编制的合理性、有效性和投资的精准性。

2. 确保标准设计“一模一样”

深化标准化设计软件应用，统一建设标准，强化设计源头。在标准化创建活动过程中，严格执行《国家电网公司配电网工程典型设计》（2016 年版），全面推广使用国网公司配电网工程标准化设计软件，编制《典型设计、标准物料执行细则》，选择适用于本省的典型设计方案及模块，优化选取适用于本地区的典型设计和标准物料，实现所有信息数字化，并与配电网工程标准化设计软件绑定，推进设计标准化、模块化在工程项目建设过程中的高效落地。

3. 规范设备选型“一步到位”

狠抓技术监督，严格落实年度设备技术监督计划，按时开展配电变压器、电缆、柱上开关、配电自动化终端等设备抽检，严把设备入网质量关。建立配电网设备质量排查整治长效机制，按照“管业务必须管质量”原则，强化质量监督管理，深度参与配电网质量监管、供应商资质审核、供应商管理工作。同时，建立配电网设备供应商绩效评价体系，提升配电网物资和在运设备检测能力。

13.4.2.3　项目数据全程采集，确保施工过程实时可控

1. 物资领用及时化

（1）物资到货管理。平台按批次导入项目ERP物资匹配计划，结合资产全寿命周期管理系统的开发，采用APP收货，实现对物资供应商、到货时间以及设备基本参数的管理。对于未到货的物资及时提醒业主催促物资供应商发货，达到有效降低因物资到货不及时而影响施工进度的情况。

（2）现场物资验收。施工物资进场后，APP及时提醒工程监理人员对进场物资进行验收，通过APP采集录入物资数量及质量，对有质量缺陷的物资进行跟踪记录，督促物资供应商退换货，同时建立不良供应商的物资供应跟踪记录。

（3）施工领料及分料工作。系统结合国家电网公司标准化设计软件成果数据，将施工领料与分料的最小单元细化到杆塔、变台，实现统一领取，按单元分发，有效控制施工单位多领或错领物料的情况，实现施工领料与分料的精细化管理，为后期一键编制结算资料提供支撑。施工领料及分料程序见图13-3。

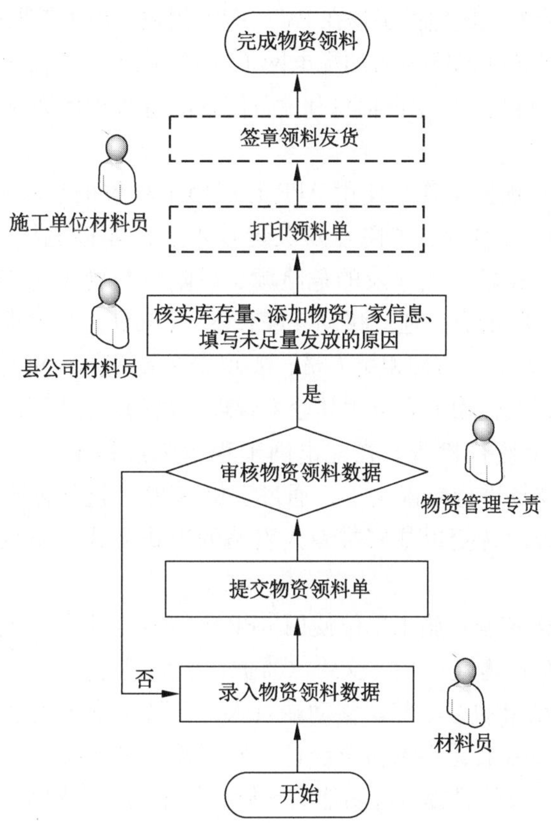

图13-3　施工领料及分料程序

（4）结余、拆旧物资管控。工程管理人员跟踪录入施工过程的物资领用管理，系统自动对施工单位的申请领用数量、实际领用数量、结算数量、结算审定数量进行对比分析，实现结余物资的闭环管理。通过拆旧计划、回收数量、移交数量对比，确保废旧物资足量回收。

2. 过程监控实时化

（1）现场勘测远程监督。依据“互联网+”全覆盖实时采集信息管理技术，使用APP对施工过程关键节点拍照、录像，按项目采集土建部分、架空线路、设备安装、电缆敷设、工艺质量、施工全貌、文明施工等的照片与视频资料，采集的多媒体资料同时捆绑拍摄时间、位置、拍摄人信息及施工工艺环节等信息。结合谷歌影像地图，动态展示施工现场分布情况，各级管理人员可以选择性地进行远程监督和管控，实现施工现场的扁平化管理。

（2）资料归档一键生成。统一资料模板，及时归档工程建设资料。配电网工程档案资料庞杂，工程管理人员、监理、施工单位需要编制大量的工程过程及竣工的档案资料。一方面，通过工程全过程信息化应用结果，采用一键生成方式，自动收集过程资料；另一方面，管理部门使用系统发布统一的工程档案资料编制模板，自动比对缺失资料，通过APP提醒和督促项目经理、施工单位、监理单位及时补充、编制并归档工程资料。此外，系统还能辅助编制PMS工程管理资料。配电网工程在PMS工程管控模块中需要录入大量过程资料，使用系统可在平台端一键编制PMS所需的配电网工程前期设计、施工过程及竣工验收全过程管理档案资料。同时，将竣工的电网信息和设备信息传递到PMS系统。

3. 安全监督可视化

（1）危险点辨识和预控工作。使用APP开展施工单位的现场安全和技术交底工作，交底包含各施工环节的危险源、风险点及关键技术点，如接地线挂接、装设施工围栏、交叉跨越点等，将安全技术交底涉及的危险源、风险点与施工过程进行绑定。施工过程中，安全措施落实和拆除情况，通过移动互联技术（APP），及时推送消息提醒业主（项目经理、许可人等）、施工、监理相关人员，实现安全管理远程可视化监督和管控，从而使安全责任有效落实，减轻相关人员尤其业主管理人员的工作压力。

（2）施工现场安全监督检查。在配电网工程施工过程中，采用APP移动互联网的GPS定位技术对施工现场进行精确定位，通过手机APP一键导航至项目地点，引导各级管理人员进行飞行检查，转变以往安排专人引路的工作方式，避免检查工作对现场施工工作的干扰。

（3）施工过程安全控制。施工单位使用APP做好施工当天的安全交底工作和安全隐患提醒，管控施工安全措施（围栏、交跨、监护、接地线等）落实工作。

（4）检查及签到结果动态跟踪。移动端录入，系统形成各类各级管理人员检查情况及履职情况的对比分析结果（签到情况统计、监督检查情况报表）一目了然，结合安全隐患流程，督办、待办及信息提醒等功能实现检查结果的动态跟踪。

4. 队伍管理规范化

（1）参建人员持证上岗。现场施工人员、监理通过系统进行打卡签到，记录每天各时段的签到情况，同时为每一位现场施工人员配置二维码工作牌，建管人员通过扫描二维码识别人员信息，有效落实施工人员资质核查及管理人员到岗到位检查要求。

（2）参建队伍建档立卡。在工程管控移动应用平台端对参建单位、人员信息进行全覆盖备案，重点对施工单位资质、安全生产许可证、装备配置等情况先验真后登记建档，对施工单位项目经理、工作负责人等关键人员的基本信息及持证情况进行登记建档，并核查社保记录确认与施工单位拥有稳定的劳务合同关系。杜绝无资质、借资质和没有实际作业能力的“皮包公司”“空壳公司”从事配电网工程建设工作。同步建立参建单位档案信息审核、变更的工作流程，确保信息动态更新准确无误。

（3）分析施工单位承载力。依据施工单位曾经承担配电网工程建设任务完成情况，项目经理、工作负责人等关键人力资源配置和机械化装备水平等因素，对施工单位开展承载力分析，合理制定发包规则，对施工单位单个施工项目部、单个项目经理同时承揽工程量设置最大门槛，杜绝超能力承担公司配电网工程建设任务，遏制违法转包违规分包的现象发生。

（4）参建单位履约评价。对参建单位的综合管理能力、安全施工水平、工程建设质量、诚信履约等方面进行综合评价，公司统一发布评价结果，并建立优胜劣汰机制，在后续招标发包工作中，对评价好的参建单位优先选用。

（5）施工单位分包管理。对分包管理实施全过程、全方位的动态管控，落实施工单位分包主体责任，监督规范施工单位分包行为。在平台端由中标单位建立劳务分包人员信息动态台账，并在系统中推送业主项目部、施工项目部备案。

5. 统计分析精确化

为便于掌握工程各环节建设情况，达到辅助分析决策目的，系统自动统计、自动分析生成不同维度、不同角色的工程形象进度表、工程开工明细表、竣工明细统计表等23类报表，全面掌握工程全过程各环节的情况，有效提高工程管理的效率和效益，为管理提升提供数据支撑。

（1）物资使用情况统计分析。对工程物资的计划数量、实际领用数量、竣工结算数量、结算审定数量进行对比分析，实现按单项工程、施工单位、分包队伍统计应退库数量、实际退库数量等物资分析指标。

（2）工程建设进度统计分析。实行从项目计划下达到工程开工及竣工验收的全过程跟踪记录，从而实现不同批次、不同项目单位、不同年度项目建设真实进度的统计分析。

（3）资金使用情况统计分析。建立项目资金使用情况跟踪记录，实现按批次、按单位、按年度等不同维度统计，实时分析工程结算、送审、审定等各阶段的资金使用情况。

13.4.2.4　工程信息互联互动，保证工程验收高效可靠

抓好工程验收投运，严格落实施工、监理、业主三方验收职责，严格执行地市公司、县公司、施工及监理单位三级验收制度，重点加强隐蔽工程验收和中间验收，强化验收发现问题的闭环管理，推进工程现场、竣工图、结算、物资清单和工程档案“对照”，实现“零缺陷”“零隐患”移交运行。

1. 工程竣工自主化

一是竣工信息采集。由施工项目部经理应用亚米级 GPS 手持终端进行现场信息采集，包含修正竣工信息、导入竣工资料、展示竣工成果、竣工结算功能；竣工采集数据支持导出标准化设计软件所需格式，支持按地理位置展示采集信息，汇总统计项目竣工采集情况。二是竣工自检。由施工项目部经理提交验收申请，同时将施工项目经理签字确认的竣工报验单、工程竣工自检验收报告、竣工自检缺漏记录上传至系统。三是监理复核。包含出具报告，工程量确认，质量缺陷的记录、确认、统计和督办功能，支持按地理位置展示监理复核数据，汇总统计项目监理复核情况及工程量确认报表。

2. 工程验收可靠化

根据项目管理单位、监理、施工单位、运维班组等人员职责的不同，在转序验收、隐蔽工程验收、竣工验收等环节中分配不同权限，以配电网工程管控移动应用为辅助手段，完成施工单位自检、监理初检和县、市公司验收管控，并采集收录过程影像资料，真实记录工程验收及缺陷整改过程，实现竣工验收过程有据可查和闭环管理，验收责任可追溯，确保建成项目无缺陷投运。

3. 结算审计一体化

在项目结算前开展竣工现场核查，及时开展 PMS 设备信息采录，实现投运实物资产 PMS 与 ERP 联动，确保工程现场与账面资产严格对应，账卡物完全一致，杜绝“未完先结”。建立各相关专业协同机制，创新工作方法，项目管理部门会同实物资产管理部门一起开展开工技术交底、竣工验收和结算审查工作，推进工程结算签证，严审工程验收单和交接明细表，根据工程量签证、设备材料清单、竣工图纸等据实结算，加快工程竣工结算、审计及决算进度，确保竣工一项，验收一项，结算、审计、转资一项。

13.4.2.5 实施工程质量评价，实现移动应用闭环管理

建立流程清晰、责任到人的工程质量管控体系，依托系统实现我的待办、工作督办及消息提醒功能，发现现场施工质量、施工工艺、典型设计执行情况有问题时，及时自动推送信息给相关单位进行整改，做到随时发现、及时处理。依据缺陷处理流程，应用缺陷处理待办功能，对缺陷的整改情况进行核查，实现施工质量事前控制、事中控制及事后控制的质量闭环管理。

1. 工程质量事前预控

将《国家电网公司配电网工程典型设计（2016 年版）》《配电网施工检修工艺规范》成果作为系统标准库，利用 APP 发放到每个施工单元，使每个单元工作人员可现场对照施工，保证工程“一模一样”。强化设计管理、物资验收，全面应用标准化设计成果，实现初设和典设自动对比，智能评审，提高工程设计质量及效率。

2. 工程质量事中管控

将国家电网公司《配电网工程工艺质量典型问题及解析》与移动互联网数据采集技术相结合，在施工和验收环节，跟踪采集配电网工程施工工艺质量与物资质量情况，随时随地记录，及时提醒、督促和整改。标准化检查大纲、验收大纲，提高检查和验收工作质量。远程验收整改情况，移动评审工程变更，质量问题闭环管理，提升管理效率，

降低管理成本。

3. 工程质量事后评价

建立配电网工程施工工艺质量与物资质量的评价体系，将施工工艺纳入对施工单位的考核评价体系，将物资质量纳入对物资供应商的考核评价体系，逐步建立起对施工单位的优胜劣汰机制及不良供应商的物资供应跟踪记录。对业主、设计、施工、监理、物资供应商，分别进行管理水平、设计质量、施工工艺、工作质量、设备质量评价、指导考核评价和招投标管理。

第四篇

配电网工程评优与评估

第 14 章

配电网工程评优评估

14.1　配电网工程评优

14.1.1　配电网工程评优的作用

（1）工程评优，增强了施工企业的市场竞争力。施工企业竞争的实质就是工程质量、企业信誉的竞争。质量是企业信誉的灵魂，质量兴业是企业必由之路，工程质量上不去，没有品牌工程，企业就会失去市场，就可能被淘汰。优质工程是施工企业的无形资产，为企业赢得良好的社会信誉，在占领市场份额方面，发挥了巨大的作用。“配电网优质工程”就是电力系统的精品工程，是行业系统的最高奖项，获评该奖项增强了施工企业的市场竞争力。

（2）工程评优，能促进配电网工程项目管理水平的提高。在优质工程的检查中，检查组针对工程的实体质量和内业资料提出问题和建议，企业施工技术人员特别是工程直接参与人员能及时逐项进行研究分析，追根溯源，分析问题，制定纠正措施，确定整改责任人和完成时间，按时跟踪复查整改结果，并形成文字记录，从而令配电网工程项目管理水平得以提高。

（3）工程评优，促使各项目部制订完善的工程质量管理制度。通过优质工程的检查，有的单位根据检查组提出的问题，制订了“工程质量通病防治”“工程质量预控措施”等，确保创优目标实现；有的单位建立了详细的自查制度并严格落实。

（4）工程评优，培养了一批施工管理人才。优质工程检查完毕后，复查组召开讲评会，通过复查组的讲评，特别是一些资深专家，在工程实践和理论水平各方面均颇有建树，有着丰富的施工和质量管理经验，他们针对施工管理和工程质量存在的问题，结合管理要求和规范、标准讲解分析，提出改进措施和建议，交流其他工程好经验、好做法，及时地传播一些工程成功的管理经验和革新手段，促进了各项目、各公司之间的学习和交流，给现场管理人员提供了一次难得的学习机会，促进了大家结合工程实际学习规范的自觉性和主动性，同时也使各项目开阔了视野，拓宽了思路，从而提高了一批人的能力素质。

（5）工程评优，可带来一定程度的经济效益。创优加大了投入，但在高质量的前提下得到了可观的节约回报，总体收益并未降低反而有所提高。

（6）工程评优，使环保效益提高。优质工程的施工管理严格，必然涉及对施工现场的环境管理，其会采取一系列措施力求对工程所处社区环境影响最小。另外，优质工程经常采用先进的施工工艺、新材料等，也对环境保护起到了一定的作用。

（7）工程评优，具有一定的社会效益。施工企业要对一项工程创优，在工程投标时就要制订创优目标，在工程的施工开始，便以高质量的管理要求定位。对项目的现场管理以及质量体系、施工组织的管理井然有序，往往能得到业主的认可和赞赏，业主愿意在后续项目施工中优先推荐该企业参与竞争。

14.1.2 配电网工程优质工程

14.1.2.1 评选职责分工

1. 国网运检部管理职责

归口管理公司配电网优质工程创建与评选工作，建立健全评定制度和标准，并实施动态管理；评选和发布公司配电网“百佳工程”名录；指导、监督省级公司开展配电网优质工程创建与评选工作；组织对省级公司配电网优质工程进行核检；组织开展配电网优质工程创建与评选工作经验交流。

2. 省级公司运检部（配电网工程管理部门）管理职责

贯彻执行公司配电网优质工程评选办法和评价标准，组织开展本单位配电网优质工程创建与评选工作；指导、监督地市级公司开展配电网优质工程创建与评选工作；组织对地市级公司配电网优质工程进行核检；组织上报公司配电网“百佳工程”推荐材料，配合公司开展核检工作。

3. 地市级公司运检部（配电网工程管理部门）管理职责

组织开展本单位配电网优质工程创建与评选工作；组织做好本单位配电网优质工程项目的核检、排序和命名工作；汇总、上报配电网优质工程参评材料，配合上级部门做好核检工作。

4. 县级公司运检部（配电网工程管理部门）管理职责

组织开展本单位配电网优质工程创建与评选工作；组织做好本单位配电网优质工程项目的自评和排序工作；上报配电网优质工程参评材料，配合上级部门做好核检工作。

14.1.2.2 参评项目基本要求

1. 配电网优质工程的项目类别及规模要求

（1）新建（含整体改造）配电站房工程。开关站进线不小于2回，馈线不小于6回；配电室进线不小于2回，馈线不小于2回，变压器容量不小于630 kV·A；箱式变电站变压器容量不小于200 kV·A。

（2）新建（含整体改造）10 kV线路工程，亘长超过2公里，双回线路亘长超过3公里。

（3）新建（含整体改造）配电变台工程，变压器容量不小于100 kV·A。申报公司配电网“百佳工程”的项目，应包含低压线路及户表改造工程。

2. 基本要求

（1）工程建设符合基本建设程序，符合公司配电网工程管理办法要求，执行公司有关技术标准及典型设计，工程文件归档及时，项目档案真实准确、齐全完整、系统规范。

（2）工程项目通过验收，移交生产运行时间满3个月且不超过15个月。

（3）工程项目在开工至评优申报期间，未发生人身伤亡事故，未发生因质量原因造成的设备或电网事故，未发生工程建设类属实投诉事件，未发生重大设计变更，未发生审计、资金安全事件。

14.1.2.3　配电网优质工程评选流程图

配电网优质工程评选流程见图14-1。

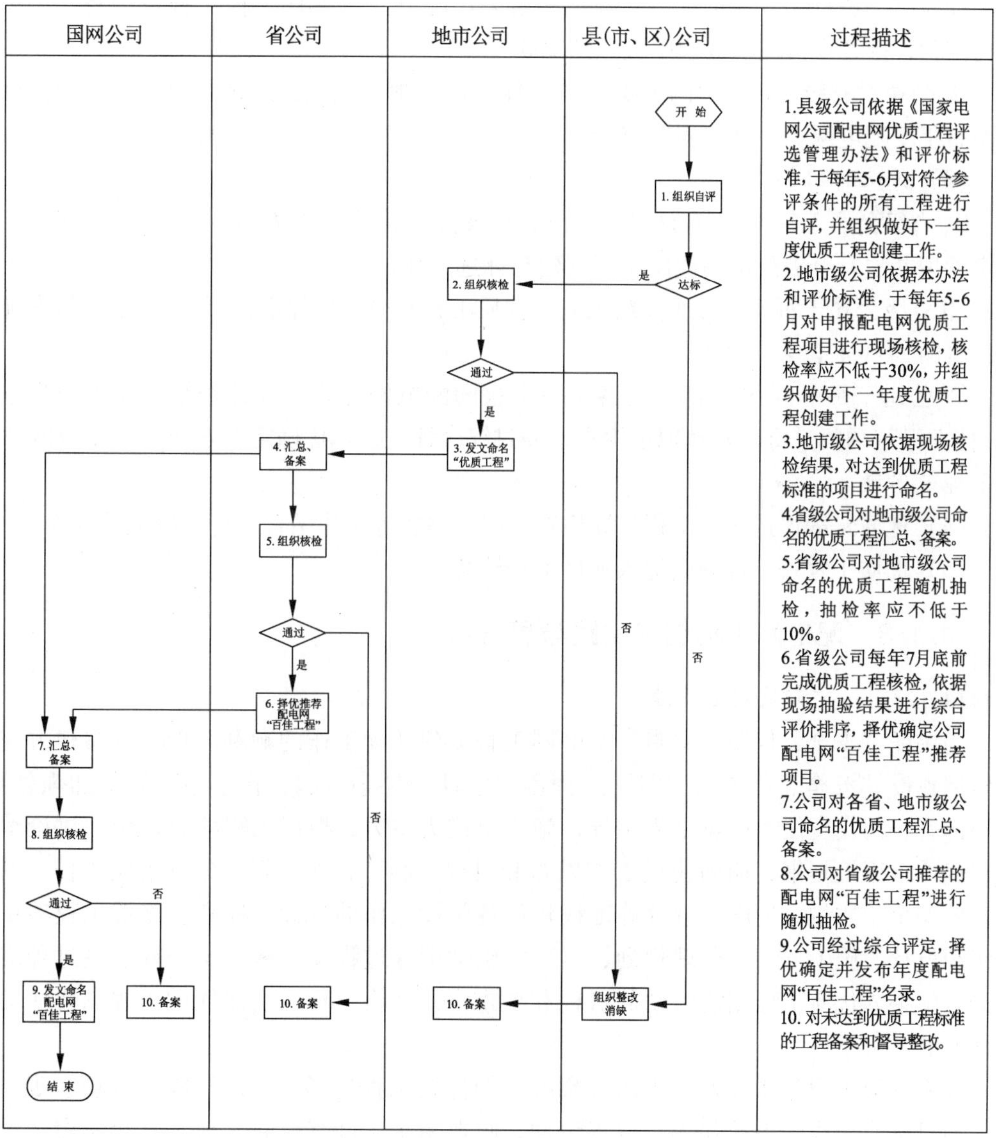

国网公司	省公司	地市公司	县(市、区)公司	过程描述
7.汇总、备案 8.组织核检 通过 否 是 9.发文命名配电网“百佳工程” 10.备案 结束	4.汇总、备案 5.组织核检 通过 是 6.择优推荐配电网“百佳工程” 否 10.备案	2.组织核检 通过 是 3.发文命名“优质工程” 10.备案	开始 1.组织自评 是 达标 否 否 组织整改消缺	1.县级公司依据《国家电网公司配电网优质工程评选管理办法》和评价标准，于每年5-6月对符合参评条件的所有工程进行自评，并组织做好下一年度优质工程创建工作。 2.地市级公司依据本办法和评价标准，于每年5-6月对申报配电网优质工程项目进行现场核检，核检率应不低于30%，并组织做好下一年度优质工程创建工作。 3.地市级公司依据现场核检结果，对达到优质工程标准的项目进行命名。 4.省级公司对地市级公司命名的优质工程汇总、备案。 5.省级公司对地市级公司命名的优质工程随机抽检，抽检率应不低于10%。 6.省级公司每年7月底前完成优质工程核检，依据现场抽验结果进行综合评价排序，择优确定公司配电网“百佳工程”推荐项目。 7.公司对各省、地市级公司命名的优质工程汇总、备案。 8.公司对省级公司推荐的配电网“百佳工程”进行随机抽检。 9.公司经过综合评定，择优确定并发布年度配电网“百佳工程”名录。 10. 对未达到优质工程标准的工程备案和督导整改。

图14-1　配电网优质工程评选流程图

14.1.2.4 评选与命名

(1) 配电网优质（百佳）工程每年评选一次，有效期两年。

(2) 评选按照自评申报、现场核检和评选命名三个环节组织开展，流程如下：

① 县级公司依据评价标准，对符合参评条件的所有工程进行自评，并申报参评配电网优质工程；

② 地市级公司依据评价标准，对申报配电网优质工程的项目进行现场核检，核检率不低于30%，依据现场核检结果，对达到优质工程标准的项目进行命名，综合评价排序后报送省级公司；

③ 省级公司对地市级公司命名的优质工程进行随机抽检，抽检率不低于10%，依据现场抽检结果进行综合评价排序，择优确定公司配电网“百佳工程”推荐项目，组织向公司推荐，推荐项目现场核检率应达到100%；

④ 公司对省级公司推荐的配电网“百佳工程”随机抽检，经过综合评定，择优确定并发布年度配电网“百佳工程”名录。

(3) 评选时间安排：

① 省级公司于每年5－6月组织地市、县级公司依据《国家电网公司配电网优质工程评定管理办法》开展配电网优质工程创建与评选工作；

② 省级公司于每年7月底前组织完成优质工程复检，择优推荐10个单项工程参加公司配电网“百佳工程”评选；

③ 公司于每年8－9月组织对各单位上报的配电网优质工程评选结果及申报配电网“百佳工程”项目进行审核和现场检查，经过综合评定，择优确定并发布年度配电网“百佳工程”名录；

(4) 优质工程评选应与工程督导检查、竣工验收等工作结合进行，避免重复检查；

(5) 优质工程评价得分应记入项目工程档案。

14.1.3 配电网工程创优实践与思考

14.1.3.1 前期策划是关键

为保证“安全、优质、文明”配电网工程创建活动工作的顺利开展，各参建方应成立电网建设“安全、优质、文明”工程创建活动领导小组和工作小组，确保加强领导、统一部署、落实责任。以业主为主导，施工单位为主力，根据工程项目定位，讨论编写创建优质工程策划书，明确建设工作思路和目标，制订工作计划，分解落实责任，明确工程的安全、质量、进度、造价等工程建设各阶段工作的目标。检查和修编工程项目施工组织设计、施工方案、监理规划、监理实施细则等过程文件和方案，在这些过程文件和方案中融入优质工程创建活动的目标和要求，并严格执行，确保优质工程创建活动的全面开展。

业主方应组织各相关人员出访考察或参加优质工程现场会，进行施工现场参观、交流，通过优质工程的示范作用，以点带面，吸取精华，进行经验交流，互相学习，提升电网建设工程的策划水平。确保在项目前期策划时能“有章可循、有样可依”，如“照片流程管理”和“优质工程图片学习手册”等先进管理经验。与同类标杆工程、典型工艺开展对标学习，促进工程质量的显著提高；设置精细化施工工艺示范图板，将精细化施工工艺要求传达至每个施工人员，使每个施工人员在开工前就能直接清楚每道工序步骤和精细化程度。

14.1.3.2 设计是源头

（1）设计方作为项目建设的一个参与方，其项目管理主要服务于项目的整体利益和设计本身的利益。由于项目目标能否得以实现与设计工作密切相关，所以阶段重点是确定项目想达到的要求和标准，制定控制目标值，编制详细的设计方案。

（2）强化施工图设计管理，大力推进配电网工程标准设计及典型造价的运用，运用配电网工程设计评审控制文件加强施工图设计评审，确保100%应用标准设计和典型造价。例如，南方电网公司配电网工程标准设计和典型造价引入“全覆盖、分层级、智能绿色”的理念，搭建起G1至G4四个层级的框架，突破现有设计深度规定，基本满足配电网工程需求。深度方面，从G1至G4层，设计深度越来越深，模块的物理空间越来越细，不同设计阶段对应不同层级及其组合，并通过设置标准方案，管控组合水平，实现规范统一。广度方面，打通与规划计划、物资采购、生产运行、设备厂商等各领域的接口，融入相关标准或规范，能够实现提高设计质量和效率、批量标准采购、批量标准加工、规范施工作业等目标。

（3）所有优质工程设计都应根据现场实际情况，严格执行标准化和精细化设计，提高工程设计深度。一是通过标准设计的深化，反馈及引出配电网工程标准设计中的标准材料、标准配送、标准施工和标准验收等理念，逐步落实“宜家家居”模式的配电网工程标准建设方式；二是通过转化思维，把原施工规范及作业指导书中工艺标准的重点部位、关键步骤、严禁事项的要求的文字描述及经验总结，采用图纸方法展现出来，直观地展现在施工人员的面前，达到视觉冲突的效果。有效地避免了施工作业指导现场“两张皮”的现象，使各施工人员熟悉并掌握工程质量、安全关键点控制。

14.1.3.3 施工是根本

1. 综合管理方面

（1）施工单位负责人应重视资源的投入，只有拥有足够的资源，项目部才能将项目策划付诸实施。施工项目部应贯彻全过程管理的思想，运用动态控制原理，进行事前控制、事中控制和事后控制。采用PDCA循环管理方法，围绕预期目标，进行计划、实施、检查和处置活动，随着对存在的问题进行解决和改进，在一次又一次的滚动循环中使管理能力逐步上升。

（2）工程要明确各级进度计划管控责任主体，全面梳理与进度节点相关的工作细项，并在进度计划中落实。严格执行下达的里程碑进度计划，并在里程碑进度计划的基础上，按照工程项目建设指导工期，结合工程实际制订一、二级进度计划，充分利用横道图和红绿灯管控手段，真实掌控工程的实际进展情况，确保项目在评选前竣工投产，未完工项目是没有资格参与评选的。

（3）由于各参建单位，尤其是档案管理人员的专业能力参差不齐，各工程的资料规

范化程度有待进一步提高。工程中普遍存在监理日志、监理旁站记录与施工单位施工过程资料不一致的现象，表明事后补资料的情况时有发生。绝大部分配电网工程资料不齐全，如原材送检记录和质量跟踪记录、施工过程记录、电气试验记录等，工程资料规范化管理与主网工程差距依然显著。所以各参建方从项目策划时就应安排专人负责档案管理，减少在评选过程中扣分。各监理单位应严格按照相关要求进行记录和收集资料，督促施工单位及时完善过程质保资料，配电网工程应根据工程进度同步完成工程资料，遵守强制性条文规定，保证原材检验合格且施工过程记录和质保资料完整。

2. 质量安全管理方面

（1）优质工程建设以“安全、文明、优质”工程创建活动为平台，施工单位要以精细化设计施工工艺标准为准绳，严格按照制度流程及表单开展工程建设工作，严格执行各项质量标准、相关强制性条文，引入“缺陷管理”理念，加强质量追溯，杜绝“两张皮”现象，提升基建工程质量管理水平。

（2）根据评选方案要求，当发生重伤及以上人身事故或因施工原因引起电力生产事故或二级及以上重大质量事故时，项目将被取消评选资格，所以施工过程质量安全管控非常重要。另外，由于各地进行项目施工都采用了标准设计和精细化设计，所以应因地制宜，结合实际，在细节工艺进行质量改进或创新，争取做到“别人没有我有，别人有我优”进行加分。

（3）另外，优质工程切忌采用“大理石铺砖、不锈钢围栏”等奢华的工艺点缀工程。要讲求务实有效，不搞奢华，节约投资，通过优质工程的创建，以点带面，全面提高，实现优质点可推广复制，不只是针对几个优质工程，而是要全面开花，所有工程按照优质工程的标准组织实施，高标准移交生产。

14.1.3.4　严格监督是保证

业主项目部和监理单位应定期对施工现场开展检查指导工作，检查监督工程建设各项工作落到实处。另外，除委托监理单位进行现场检查之外，还要成立优质工程推进小组，指派专人负责，主要负责配电网优质工程创建活动的统一部署和宣传培训工作，负责配电网优质工程创建活动的进度管控和重大问题决策，贯彻执行上级单位及各部门对配电网优质工程的决定，按照实施计划开展日常检查及驻点指导工作。

14.2　配电网工程建设评估与改进

14.2.1　配电网工程管理的评估内容

全面分析配电网工程全过程管理特点，结合日常管理工作的关键节点、薄弱环节，以及以往工程审计中发现的问题，梳理形成了配电网工程全过程管理中可能发生的问题及表现形式，共10个阶段110个点的内容，具体内容见表14-1。

表 14-1 配电网工程全过程评估内容

全过程管理 10 个阶段	全过程管理 110 个的点内容
工程前期管理	核实项目规划、立项及审批程序是否符合规定；土地征用等文件是否进行了申报及取得了批复；可行性研究报告内容是否严格审查，是否存在项目可研、初设等前期工作的深度不够的情况；项目核准备案手续是否完善。
投资计划和 预算管理	是否严格按照国家有关规定执行，是否严格按照公司计划管理要求，是否存在计划外项目，有无将已经完成的项目纳入计划进行项目置换或顶替；是否严格执行国家有关的审批、备案程序及基本建设程序，是否存在未批先建；概算是否编制和审批下达建设规模变更超过标准的，是否按规定履行报批手续。
招投标管理	是否存在违反招投标法、合同法及相关法律法规的行为；是否严格执行公司招标采购及非招标采购的相关规定，程序是否合规，是否公开、公平和公正；是否存在应公开招标而违规采用其他方式采购的行为。
合同管理	设计、施工、监理、物资采购等是否依法订立合同，内容是否齐全、合规；是否建立合同台账；合同是否严格、有效履行。
物资采购管理	物资计划管理是否有效，物资采购是否根据实际需求严格控制，是否存在大量剩余物资；物资出、入库管理控制是否真实、准确；对于工程退料是否及时办理；废旧物资回收是否建账，按规定程序保管、处置和进行账务处理，是否存在私分废旧物资材料变卖款等行为。
工程建设管理	项目是否按期开工、已开工项目的建设手续是否办理完毕；施工单位是否具备相应的资质；是否存在违规转包、分包工程；是否按设计进行施工，设计变更手续是否齐全；监理签证是否完整，检查关键工序、关键部位是否有监理签证，检查工程进度是否与里程碑节点计划一致；是否存在“三边”工程；是否存在施工队伍和村委会等借机向农民收费或搭车收费、吃拿卡要现象。
竣工验收管理	项目是否按期完工，是否履行竣工验收程序，竣工验收程序是否规范完整，工程质量是否合格，能否按期投产使用。
工程结算管理	是否及时编制工程竣工结算，档案管理是否规范，工程项目概（预）算的编制是否符合规范，设备、材料价格是否合理，施工单位结算是否准确，重点核查现场完成的工程量是否与结算书及竣工资料相符，核实青苗赔偿费的真实性。
资金和财务管理	中央预算内资金、企业自有投资、银行贷款是否及时、足额到位；是否按照要求设立了资金专户并进行专账核算，资金是否专户运行、专款专用；是否存在挤占、挪用、转移专项资金等重大违纪违规行为；是否存在账外账、“小金库”，高估冒算套取建设资金的行为；是否存在工程项目中列支与本项目无关费用的情况；资金的支付进度与工程形象进度是否匹配，是否严格按照合同支付工程款和材料款；是否存在大额支付现金的情况；资金支付依据是否充分，财务票据、报销凭证是否齐全，报销程序是否合规。
竣工决算管理	是否及时编制工程竣工决算，档案管理是否规范，审核工程决算办理资料是否齐全，移交的资产是否真实，财务数据及报表是否正确、完整。
负责工程后 评价管理	是否未按规范组织和实施后评价工作；后评价报告的编制是否规范；工程项目管理制度和标准化管理体系是否建立并有效执行，内部控制环节是否缺失。

14.2.2 配电网工程管理改进方向或对策

14.2.2.1 明确基于大数据的配电网精准投资管理框架

1. 深入调研，确立基于大数据的管理思路和目标

要充分发挥运监中心的数据管理和监测分析职能，最终确定基于大数据的配电网精准投资管理体系的总体思路和目标。即：以提升配电网投资精准性、最大化投资效能为目标，以“建设一流配电网”为发展方向，充分利用大数据技术，通过“多源数据融合、量化分析决策、跨专业协同合作、过程监测督办”的管理思路，构建基于大数据的配电网精准投资管理体系，完成对传统配电网投资管理体系的优化，实现为客户提供高供电可靠性、高电能质量和高品质电力相关服务的目的。

2. 完善机构，成立决策、咨询及数据分析团队

管理层面，成立管理团队和咨询顾问团队，明确职责分工和相关议事规则。管理团队分为领导小组和工作小组，领导小组由公司领导组成，负责组织召开公司层面的投资决策会议，最终审议决定投资方案；工作小组由分管领导任组长，相关专业主要负责人任副组长，组员单位为公司发展、生产、营销、财务、运监等相关专业部门，负责配电网精准投资管理工作的具体实施。同时，聘请高校、电科院等技术专家，同公司内部的设计、规划、运维等专业的专家，共同组成投资决策咨询顾问团队，负责对公司的配电网规划、投资方案等工作提供咨询和建议。

业务层面，在发展部和经研所原有配电网投资和规划业务支撑的基础上，由运监中心牵头，成立专门的数据分析团队，进一步完善投资决策业务支撑机构。数据分析团队整合公司内部的数据分析、配电网规划、可研设计、投资管理、物资采购、配电网运维、市场开拓等方面的业务和人才资源。数据分析团队在配电网投资立项阶段，以跨专业数据融合为基础，整体负责开展市场研判、配电网规划研究、项目可研和投资效益分析等方面的工作，为配电网投资决策提供科学高效的业务支撑。

3. 科学决策，健全配电网精准投资决策议事机制

在公司决策方面，实现市域、县域一体化配电网投资决策，完善市公司、县公司两级总经理办公会、“三重一大”决策制度和议事机制。按照市、县一体化管理的理念，县公司投资方案由县公司提出需求，结合数据分析团队的分析结果，经市公司统筹考虑、统一规划，并由“三重一大”会议和总经理办公会审定后统一实施，实现配电网投资决策流程由传统“分层决策、分散实施”向“一体化决策、统筹实施”模式转变。同时加强投资决策咨询顾问管理，充分发挥专家的决策咨询作用，并广泛听取各方意见，推动决策过程公开透明，提升决策公平性和合理性。

14.2.2.2 建立基于大数据分析的配电网项目储备与立项决策流程

树立大数据思维，高度重视多源数据融合和挖掘分析，充分考虑配电网运行、客户服务、经营效益、资产状况等多方面的综合因素，在配电网项目储备与立项阶段增加大数据分析环节，基于大数据分析的配电网项目储备与立项决策流程，加强数据对项目储备与立项工作的支撑作用。基于大数据分析的配电网项目储备与立项决策流程见图14-2。

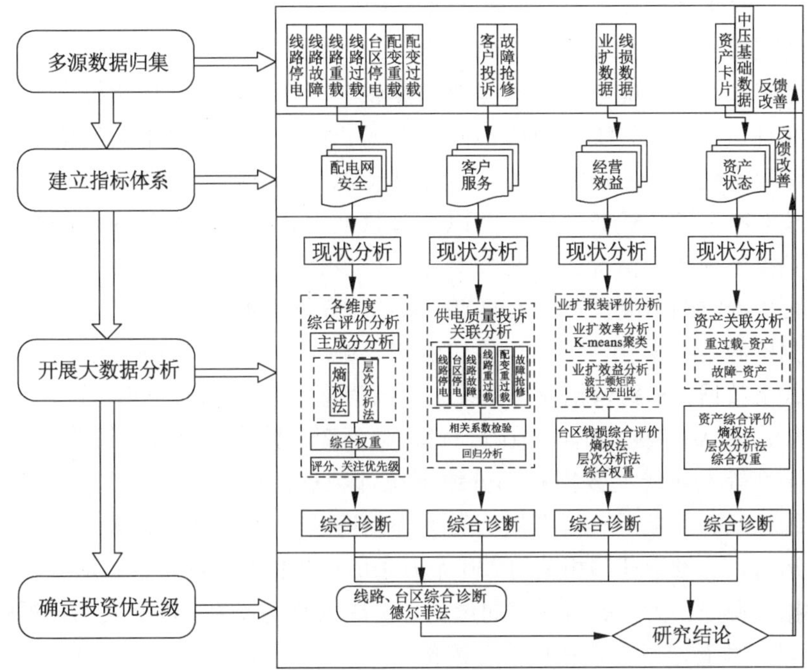

图 14-2 基于大数据分析的配电网项目储备与立项决策流程

1. 归集多源数据，实现数据深度融合

集约 ERP、营销业务应用、用电信息采集、PMS、电网 GIS、可靠性管理、配电网运行监控、一体化电量与线损管理等相关源业务系统，整合设备档案、配电网运行、项目管理、资产卡片、投诉抢修、线损电量、业扩市场等共计七百万余条数据，开展数据清洗，实现数据融合，构建有效实用的数据资源基础。

2. 筛选评价指标，建立决策指标体系

结合配电网实际状况，明确分析维度，确立决策视角。从配电网安全、客户服务、经营效益、资产状况 4 个维度入手，选取故障、重过载等能够反映配电网管理真实状况的数据，分析其在线路和台区方面的变化特征和规律，构建全面、客观的配电网管理综合评价指标体系。

3. 开展大数据分析，定位配电网薄弱环节

利用大数据挖掘分析技术，运用多种方法，进一步建立大数据分析模型，对影响配电网状况的重过载、停电、故障、故障抢修、线损、资产状况等因素进行评分并标签化处理，进行诊断分析，确定影响配电网运行和客户服务的薄弱环节。

4. 确定投资优先级，制订项目投资计划

对配电网状况进行综合评价，以线路、台区和区县为对象确定投资优先级，定位至具体的线路和台区，给出全市及各区县的配电网投资结构、投资重点和投资次序，支撑配电网项目投资的有序、精准开展。

14.2.2.3　数据融合为基础，实施多源数据汇集和数据质量治理

1. 集约整合数据资源，数据源头唯一化

确定数据唯一源头。配电网投资涉及专业较多，部分数据即便指标名称相同，但因不同专业或统计口径不同、统计周期不同，出现名称相同但数值不同的情况。按照“谁生产数据、谁负责数据、谁提供数据、谁治理数据”的原则，首先确定了各指标的唯一数据责任单位和唯一源头业务系统，并以源头数据为基准来校准各专业的数据值，其他专业若出现数据不一致的情况，由有关专业进行核查并做出数据解释。通过确定数据唯一源头，保证了配电网精准投资决策的数据来源可靠性和可用性。

开展数据资源集约整合。汇集运检、营销、调度、物资、财务、工程等相关专业的源信息系统线上数据，横跨营销业务系统、用电信息采集、PMS、ERP 等多个数据源，数据包括近 5 年来 10 kV 线路缺陷、故障、投诉、配变和馈线重过载、线路和台区低电压、台区三相不平衡等专业线上数据和部分线下统计数据；再次与外部单位积极协调沟通，汇集了国家统计局、气象局、规划局、交通部门等公司外部相关数据；最终实现了与配电网规划、运行、运维管理等相关的730 余万条历史数据的集约整合，形成配电网精准投资的基础数据资源池，为开展跨专业的量化分析决策奠定较为全面坚实的数据资产基础。

2. 加强数据质量治理，数据质量规范化

从源头加强数据质量管控。数据质量纳入月度重点工作考核，由运监中心归口管理，从“管源头”入手，以“控质量”为目标，按月通报源头数据质量治理结果，建立在线数据质量管理、治理、控制的保证体系，促进数据的真实、准确、可靠，稳步提升源头数据质量，实现“数据一端录入，信息多端共享”。

开展数据逻辑关系梳理。原始数据存在数据编码不关联、信息相关性不明确、字段冗余或缺失等问题，数据后期整合分析难度较大，难以开展深度挖掘和分析。一方面，组织业务专家，深入梳理各业务数据之间的逻辑关系，剔除与投资无关的数据字段，形成脉络清晰、逻辑统一的数据关联关系拓扑图；另一方面，聘请专业的数据清洗团队，基于专业的数据清洗工具，利用数据筛选、数据清洗、数据降维、数据转换、数据归集等技术手段，提取有效信息，形成能够应用于数据深度挖掘分析的规范数据库，实现数据深度融合，为配电网精准投资管理体系的构建提供更规范、更有效的数据基础支撑。

14.2.2.4　以模型构建为手段，开展配电网多维数据价值挖掘

配电网精准投资涉及多专业、多指标，以往的决策方法依赖专业管理经验，难以全面、综合、量化地考虑各种影响因素。恰当应用的大数据量化模型，开展配电网多维数据价值挖掘，实现配电网投资由“定性化、单因素、经验式”向“定量化、全景式、模型化”的决策方式转变。

1. 建立资产状况评价模型，分析设备健康状况

设备健康状况是决定配电网设备是否需要投资改造的直接因素。从线路与台区两方面，重点从配电网设备的资产健康、运行健康、运营健康三个维度开展分析评估。资产健康维度重点对资产成新率、逾龄情况、低配资产状况等进行分析，运行健康维度重点对设备缺陷、停电、故障、重过载等进行分析，运营健康维度重点对客户服务和线损维

度进行分析。最后通过综合评价模型进行数据关联、算法迭代，揭示各健康维度之间的变化规律和关联关系，分析定位配电网运行管理的薄弱环节，全景式、全方位、立体化评估配电网健康状况，分别给出配电网线路、台区运行的健康隐患明细，进一步确定市、县公司的配电网设备治理重点、层次和时序，为优化投资结构提供支持。

2. 建立配电网安全评估模型，定位配电网运行薄弱环节

对配电网整体运行情况进行安全评估，是决定配电网网架结构是否需要投资改造的直接因素。基于配电网空间负荷预测结果和配电网模拟计算结果，结合实际运行情况和业扩市场需求，构建配电网运行安全评估模型。配电网安全评估模型重点评估网络结构和配电网投资之间的关联，包括容载比、手拉手率、线路联络率、线路长度超限率、线路截面规范化率、线路平均分段数等单指标评价及多因素的综合评价。通过分析评估配电网运行安全状况，定位配电网安全运行存在问题的区域。

3. 建立客户服务分析模型，挖掘投资与服务的关联关系

客户服务提升情况是衡量配电网投资是否精准的重要因素。充分利用历史数据和天气、交通等外部数据，分析投诉、抢修、业扩等客户服务现状，从客户服务和线损维度进行现状分析，运用多元回归分析方法挖掘客户投诉、配电网抢修、增供电量等与配电网投资之间的内在关联，研究客户服务方面的变化趋势和重点提升方向，发现提升客户服务的辅助手段，优化抢修服务站布点和车辆、物资等故障抢修资源的季节性、区域性配置，为配电网服务的优化提升和投资决策提供支撑。

4. 建立配电网投资优化模型，制定差异化投资决策方案

每类供电区域的用电需求各不相同，要充分考虑不同区域的差异化用电需求，对供电区域进行划分，反映各区域发展需要和差异化用电需求，突出配电网投资改造的目标重点。在投资决策模型的构建上，既要考虑供电区域自身的特征，也要考虑该区域历史投资趋势和提升空间，将配电网投资的效益和经济性作为优化决策目标，将资金投入作为约束条件，在综合安全可靠、市场拓展、客户满意度、投入产出比多方面指标的情况下，以及结合运检和营销等专业部门的实际经验微调，得到最优投资方案，给出投资优先级。

14.2.2.5　及时纠偏为保障，开展配电网投资效益评估和实施过程监测

为最大限度发挥配电网投资效益，充分提高投资效能和执行效率，一方面需要开展配电网投资执行情况的过程监测，及时发现和预警管理问题；另一方面需要通过投资后评估，与投资计划中的投资效益进行比对，明确投资的限定条件，修正配电网精准投资决策模型，使其尽量趋于准确，避免无效投资、过度投资和欠投资等情况的发生。

1. 建立配电网投资效益评价模型，开展投入产出分析

配电网投资后的效益评估是一个多目标、全过程、多维度的复杂体系，总体模型框架由 4 个层级构成。其中，最低层为措施层，对应配电网投资的具体评价指标，指标设置从反映配电网运行效果的相关指标值由于配电网投资建设发展而发生的变化着手，指标从差额角度定义与计算，综合分析该阶段投资的合理性；最高层为总目标层，综合表征配电网投资所追求实现的终极目标；中间层由准则层（含子准则层）构成，主要根据配电网投资的作用和要求，围绕用户、负荷、设备、效益等影响配电网发展的内外在因素，

从全系统角度考虑。其中，供电可靠性和电压质量指标用来评估配电网安全可靠性需求；发展适用性和协调性指标用来评估配电网发展可持续性；设备利用效率和技术装备水平指标用来评估配电网资产情况；经济性和社会效果指标用来评估配电网运营效益。考虑到同一时期不同地区的配电网在供电面积、电力需求水平以及电网规模等方面可能差别很大，为便于进一步反映上述情况对配电网投资的有效性产生的影响，模型中还增加了区域配电网基本情况的相关信息。整合后的配电网精准投资效益评估模型的基本逻辑架构见图 14-3。

通过构建效益评价模型，进一步研究配电网投入产出比和电量、线损等发展形势和潜在需求，分析配电网经营效益；同时，分别构建业扩报装的聚类模型、线损线路、台区的综合评价模型，从流程效率和设备耗损方面对经营效益进行深入剖析，进一步对配电网精准投资模型进行改进提升。

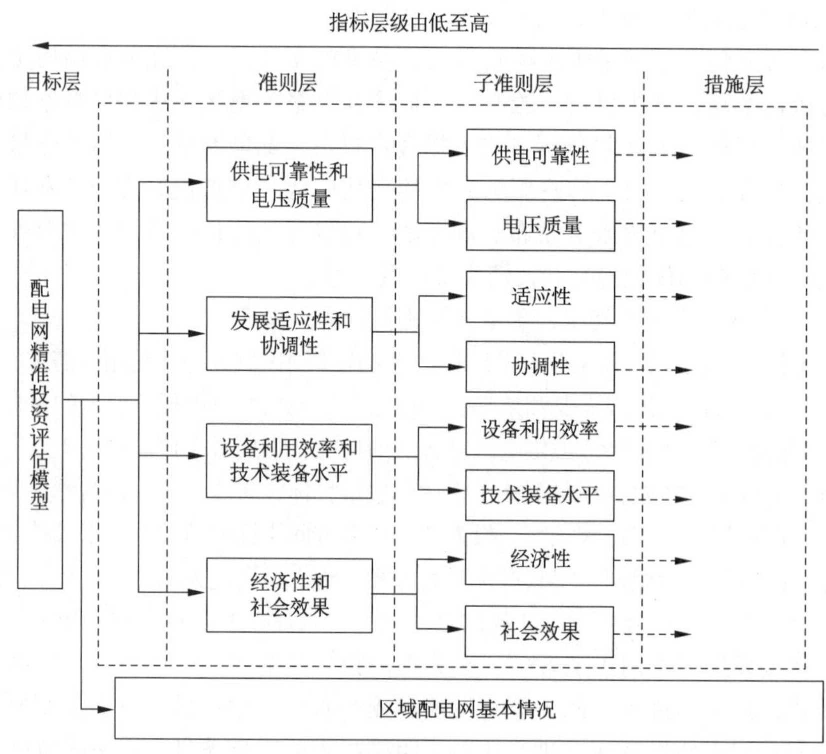

图 14-3　配电网精准投资后评估模型架构

2. 发挥运营监测作用，实施执行全过程监测

利用大数据分析手段和可视化技术对配电网投资执行过程进行监测。过程监测按照 4 个标准开展，一是坚持问题导向，聚焦专业协同的主要问题；二是坚持“三个有利于”原则，有利于公司决策、有利于畅通部门间协同、有利于投资效能提升；三是坚持“三点”关注，即领导关注焦点、跨部门协同难点、客户需求热点的关注点；四是有针对性地发布日、周、月、季、年监测分析报告，在线监测、及时预警业务异动和问题，实现跨专业、跨部门的联合监控预警和问题督办。

第 15 章

配电网工程后评价

15.1　配电网工程后评价工作简介

项目后评价工作是指项目投资完成并运行一段时间后，通过对项目实施过程、技术水平、效果和效益、环境社会影响、可持续性等方面进行分析研究和全面系统回顾，与项目决策时确定的目标以及技术、经济、环境、社会指标进行对比，找出差别和变化，并分析原因、总结经验、汲取教训，从而提升科学决策能力和水平，达到提高项目经济效益和社会效益的目的。

配电网项目后评价的目的在于全面总结项目的实施过程，对项目前期工作、项目准备工作、项目建设过程进行全过程评价，分析项目的实际运营情况和实际投资效益，检验预期的投资收益和目标是否达到，对比实际的实施效果与项目的预期目标的偏差，分析偏差产生的原因，得到投资的效率效益结论，并全面总结该项目建设管理过程中的经验和教训，提出具有针对性和可操作性的建议，以实现“评以致用”。

项目后评价报告编制工作必须委托有资质的独立咨询机构承担，选择有资质的独立咨询机构应遵循回避原则，即承担项目可行性研究报告编制、设计、项目管理等业务的主要机构不宜从事该项目的后评价工作。独立咨询机构应对项目后评价报告质量及相关结论负责，并承担对国家秘密、商业秘密等的保密责任，后评价信息对外披露要严格执行公司有关规定，未经审批，不得对外公布。

项目后评价工作开展的时间，应为评价对象至少正式投运一个完整会计年度后。评价期为被评价的一个或几个完整会计年度。

项目后评价工作应遵循独立、客观、准确、科学的原则，独立进行分析研究，不受外界的干扰或干预，真实、客观地反映评价对象的现实状态和运营水平，全面收集后评价项目的资料和数据，形成准确的评价指标数据和结论，注重分析方法的正确性、研究依据及衡量标准的规范性、分析结论的合理性。

配电网项目后评价编制依据主要有《中央企业固定资产投资项目后评价工作指南》(国资发规划〔2005〕92 号)、《国家电网关于开展 2015 年电网项目后评价工作的通知》(国家电网发展〔2015〕281 号)、《中央企业投资监督管理办法》、《国家电网公司固定资

产投资项目后评价实施规定》(国网(发展/3)363)、《建设项目经济评价方法与参数》、《国家电网公司常规电网工程后评价报告编制模板》和其他有关规定。

项目后评价报告重点评价项目投资决策、建设时序、投入产出和投资风险等方面，应包括但不限于以下内容：

(1)项目全过程回顾：前期工作回顾、准备阶段回顾、实施过程回顾、生产运营回顾。

(2)项目实施过程评价：前期工作评价、建设准备工作评价、工程建设管理评价。

(3)项目运营情况和经济效益评价：技术水平评价、运营评价、经济效益评价、经营管理评价。

(4)项目环境影响和社会效益评价。

(5)项目目标实现程度和持续性评价。

(6)评价结论：项目综合评价、结论和问题、经验教训、建议和措施。

后评价项目应具备如下条件：

(1)工程项目建成投产，并运行一定时间(原则上为一年以上)。

(2)工程完成财务竣工决算审计和决算审批。

后评价项目计划筛选原则如下(满足一条或以上)：

(1)投资大，建设工期长，建设条件复杂，有重大意义的项目。

(2)采用新技术、新工艺、新设备，具有一定的示范性，或对其他项目具有借鉴和指导作用的项目。

(3)建设过程中，项目立项时所依据的条件(电力市场、系统装机规模、设备供应、电价机制和融资条件等)发生重大变化的项目。

(4)重大社会民生及舆论普遍关注的项目。

(5)上级单位指定的项目。

(6)项目选择兼顾各区域适当平衡。

15.2 配电网工程后评价的基本内容

15.2.1 项目概况

15.2.1.1 区域概况

1. 经济社会概况

对评价对象所在区域经济社会概况进行叙述和说明。简述区域地理位置，以评价期末为时点，介绍区域经济发展、产业分布、单位 GDP 能耗、人均用电量等情况。

2. 区域电网概况

对区域电网总体情况进行叙述和说明。以评价期末为时点，统计说明项目所在区域各级电网的变电容量、线路长度，供电分区划分情况，统计计算区域年最大负荷、年用电量、年售电量以及各指标3～5年的变化情况等，介绍区域电源接入情况、用电负荷情况、城农网主要特点、大型工业园区发展及电力需求情况等。

15.2.1.2　配电网决策要点

1. 规划目标

简述地区配电网规划目标，介绍评价对象建设前配电网规划的总体情况、规划时段及建设目标等。

2. 建设前存在的主要问题

简述地区配电网存在的主要问题，结合区域电网现状及配电网规划分析评价对象建设前区域配电网存在的主要问题，可包括供电能力、网架结构、装备水平和电网效率等。

15.2.1.3　评价对象

1. 评价范围

简述本次配电网项目后评价的评价期和评价范围。

2. 建设规模

（1）计划建设规模。

依据投资计划，统计评价期计划建设规模。统计评价期各电压等级变电站座数、变压器（配变）台数、变电（配变）容量、线路条数、线路长度以及主要配电设备等建设规模情况。

（2）实际建设规模。

依据项目实际建设情况，统计评价期实际建设规模。统计评价期各电压等级变电站座数、变压器（配变）台数、变电（配变）容量、线路条数、线路长度以及主要配电设备等实际建设规模情况。

3. 投资规模

（1）投资来源结构。

简述评价对象资金来源结构，包括资本金和贷款的比例及金额、资本金来源及组成。

（2）各阶段投资情况。

简述评价对象可研估算、初设概算、竣工决算等关键阶段的投资情况。

（3）年度投资安排。

简述评价对象投资安排情况，分类统计各批次投资情况。

15.2.2　项目过程评价

15.2.2.1　前期工作及建设准备工作评价

1. 一般规定

根据国家电网公司基本建设项目前期工作及建设准备工作管理规定，对前期工作及建设准备工作的程序是否合规、关键环节是否符合相应深度要求进行评价。关键环节主要包括规划阶段、可研阶段、初步设计、建设管理。施工图设计评价可参照初步设计评价执行。

2. 规划阶段评价

对项目入库情况进行总结和评价。评价规划报告是否满足 Q/GDW 268 等文件的有关要求。依据投资计划，评价建设必要性是否论证充分，评价项目入库情况，若未纳入需分析原因。可对项目规划与地方政府规划的衔接情况进行分析。

3. 可研阶段评价

对项目可研工作进行评价。依据投资计划，简述各电压等级项目可研规模与实际建设完成规模的差别，对规模偏差较大的分析其原因。评价可研报告内容深度是否满足 Q/GDW 270、Q/GDW 11374 及相关文件要求。

4. 初步设计评价

对项目初步设计进行评价。依据投资计划，简述各电压等级项目初步设计规模与实际建设完成规模的差别，对规模偏差较大的分析其原因。评价审批流程是否符合相关文件要求，评价初步设计内容深度是否满足 Q/GDW 166 及相关文件要求。

5. 建设管理评价

对项目的建设管理过程进行评价。介绍项目法人制、资本金制、招投标制、工程监理制、合同管理制（“五制”）的执行情况，评价项目建设管理水平。

15.2.2.2　施工管理评价

1. 投资控制评价

对各电压等级年度投资节余情况进行分析和评价。统计项目完工结算、竣工决算完成情况，分析实际竣工决算（含税）与投资估算、批准概算的投资差额和节余率，对 35 kV 及以上单项配电网工程竣工决算（含税）与批准概算投资节余率大于 10% 和超概算的工程进行重点分析。

2. 进度控制评价

对进度控制的目标和措施进行总结和评价。统计开竣工计划时间与实际时间的偏差、计划工期与实际工期的偏差、实际工期与定额工期的偏差，分析影响工期和进度的主要因素，简述进度控制措施的制定、执行情况。

3. 质量控制评价

对质量控制的目标和措施进行总结和评价。简述项目质量管理目标，通过合格率、优良率等指标，以及优质工程评选获奖情况等，评价质量控制措施的制定、执行以及质量控制水平是否满足《国家电网公司基建质量管理规定》（国网（基建/2）112）相关要求。

4. 安全控制评价

对安全控制的目标和措施进行总结和评价。统计因工程建设而造成人身伤亡事故情况、电网及设备事故次数和等级等，评价安全控制措施的制定、执行情况以及安全控制水平是否满足《国家电网公司输变电工程安全文明施工标准化管理办法》（国网（基建/3）187）相关要求。

15.2.2.3　竣工验收评价

对竣工验收工作过程进行总结和评价。简述项目竣工验收开展过程，评价竣工验收是否满足《国家电网公司输变电工程验收管理办法》（国网（基建/3）188）相关规定。

15.2.3　项目技术水平评价

15.2.3.1　标准化执行情况

对项目标准化执行情况进行评价，计算评价期配电网投产项目标准化执行率，简述标准化执行情况，分析项目未采用标准化设计的原因。

标准化执行率（%）＝标准化项目个数/投产项目总数×100%

15.2.3.2　项目技术特点总结

对项目技术特点进行总结。总结评价期各电压等级投产项目在设计方案、施工工艺和方法、运维措施和新技术应用等方面的特点。

15.2.4　项目效果及经济效益评价

15.2.4.1　项目效果评价

1. 一般规定

通过计算评价期供电可靠率、综合电压合格率、N－1 通过率、综合线损率等综合指标，评价供电能力、网架结构、电网效率和装备水平等情况，分析各指标在评价期初和评价期末的变化。评价内容包括但不限于以下指标，各指标可根据需求从整体或按供电区域类型进行评价。

2. 综合指标

（1）供电可靠率（RS－3）

对供电可靠率进行评价。以市辖、县域、农村供电区为单位计算评价期供电可靠率。

供电可靠率为不计及因系统电源不足而需限电的情况。

供电可靠率（%）＝［1－（用户平均停电时间－用户平均限电停电时间）/统计期间时间］×100%

（2）综合电压合格率

对综合电压合格率进行评价。以市辖、县域、农村供电区为单位计算评价期综合电压合格率。计算方法如下：

$$\gamma\ (\%) = 0.5\gamma_A + 0.5\left(\frac{\gamma_B + \gamma_C + \gamma_D}{3}\right)$$

式中：γ_A、γ_B、γ_C、γ_D 为 A、B、C、D 类监测点的年度电压合格率。

（3）N －1 通过率

对主变和线路 N－1 通过率进行评价。计算正常方式下，110（66）kV、35 kV 主变 N－1 通过率和 110（66）kV、35 kV、10（20）kV 线路 N－1 通过率。

主变 N－1 通过率（%）＝满足 N－1 条件的主变台数/主变总台数×100%

线路 N－1 通过率（%）＝满足 N－1 条件的线路条数/线路总条数×100%

（4）综合线损率

对综合线损率进行评价。分电压等级计算 110（66）kV 及以下电网综合线损率。

某电压等级综合线损率（%）＝（该电压等级输入电量－该电压等级输出电量）/该

电压等级输入电量×100%

3. 供电能力

（1）变电容载比

对110（66）kV、35 kV 变电容载比进行评价。以市辖、县域供电区为单位计算110（66）kV、35 kV 变电容载比，评价容载比是否符合 Q/GDW 1738 有关要求。计算方法如下：

$$R_S = \frac{\Sigma S_{ei}}{P_{max}}$$

式中：R_S 为容载比，kVA/kW；P_{max}为该电压等级最大负荷日最大负荷，万 kW；ΣS_{ei}为该电压等级年最大负荷日投入运行的变压器的总容量，万 kVA。

（2）可扩建主变容量及其占比

对110（66）kV、35 kV 变电站可扩建主变容量及占比进行评价。计算和评价某电压等级变电站终期主变容量与已投产主变容量的差值占已投产主变容量的比例。

变电站可扩建容量（万 kVA）=Σ（某变电站终期主变容量－已投产主变容量）

变电站可扩建容量占比（%）=变电站可扩建容量/变电站已投产主变容量之和×100%

（3）户均配变容量

对户均配变容量水平进行评价。以市辖、县域、农村供电区为单位计算和评价户均配变容量。

户均配变容量（kVA/户）=公共配变总容量/低压居民用户数

4. 网架结构

（1）典型接线比例

对地区电网中各电压等级各类典型接线方式分布情况进行评价。分析110（66）kV、35 kV 电压等级电网中符合各类典型接线方式的线路比例，分别分析10（20）kV 电压等级电网中符合各类典型接线方式的架空、电缆线路比例。各类典型接线模式参考 Q/GDW 1738。应重点评价各电压等级单辐射接线线路比例。

单辐射接线线路比例（%）=单辐射接线线路条数/线路总条数×100%

（2）110（66）kV、35 kV 平均单条线路长度

对110（66）kV、35 kV 平均单条线路长度进行评价，计算110（66）kV、35 kV 平均单条线路长度。

平均单条线路长度（km/条）=线路总长度/线路条数

（3）10（20）kV 平均供电半径长度

对10（20）kV 平均供电半径长度进行评价。计算10（20）kV 平均供电半径长度。

平均供电半径长度（km/条）=线路供电半径总长度/线路条数

（4）10（20）kV 线路联络率

对10（20）kV 线路联络情况进行评价。计算10（20）kV 线路联络率。

10（20）kV 线路联络率（%）=满足互联结构的10（20）kV 线路条数/10（20）kV 线路总条数

（5）10（20）kV线路站间联络率

对10（20）kV线路站间联络情况进行评价。计算10（20）kV线路站间联络率。

10（20）kV线路站间联络率（%）＝满足站间互联结构的10（20）kV线路条数/10（20）kV线路总条数

5. 电网效率

（1）变压器年最大负载率分布

对各电压等级变压器年最大负载率分布情况进行评价。按照80%及以上、80%～60%（含）、60%～40%（含）、40%～20%（含）和20%以下5档，分析变压器台数占比。

变压器年最大负载率（%）＝变压器年最大负荷/变压器额定容量×100%

（2）线路年最大负载率分布

对各电压等级线路年最大负载率分布情况进行评价。按照80%及以上、80%～60%（含）、60%～40%（含）、40%～20%（含）和20%以下5档，分析线路条数占比。

线路年最大负载率（%）＝线路年最大负荷/线路持续传输功率限额×100%

（3）变压器年运行等效平均负载率分布

对各电压等级变压器年运行等效平均负载率分布情况进行评价。按照80%及以上、80%～60%（含）、60%～40%（含）、40%～20%（含）和20%以下5档，分析变压器台数占比。

变压器年运行等效平均负载率（%）＝（变压器年下网电量＋变压器年上网电量）/（变压器额定容量×8760 h）×100%

（4）线路年运行等效平均负载率分布

对各电压等级线路年运行等效平均负载率分布情况进行评价。按照80%及以上、80%～60%（含）、60%～40%（含）、40%～20%（含）和20%以下5档，分析线路条数占比。

线路年运行等效平均负载率（%）＝线路年总输电电量/（线路持续传输功率限额×8760 h）×100%

6. 装备水平

（1）设备运行年限及分布

对设备运行年限的分布情况进行评价，包括110（66）kV及以下公用变压器和线路。变压器按照台数占比统计（不包括电厂升压变和用户变），线路按长度占比统计。按10年（含）以下、10～20（含）年和20～30（含）年、30年以上4个区段分别统计。

（2）配电自动化覆盖率

对配电自动化建设情况进行评价。计算配电自动化覆盖率。

配电自动化覆盖率（%）＝实现配电自动化功能的线路条数/总线路条数×100%

（3）高损耗配变台数比例

对高损耗配变情况进行评价。计算10（20）kV公用配电变压器中高损配电变压器台数占公用配电变压器总台数的比例。

高损配电变压器台数占比（%）=高损配电变压器数量/配电变压器总数量×100%

（4）10（20）kV 架空线路绝缘化率

对10（20）kV 架空线路绝缘化率进行评价。计算架空线路绝缘化率。

架空绝缘化率（%）=架空线路绝缘线长度/架空线路总长度×100%

（5）10（20）kV 线路电缆化率

对10（20）kV 线路电缆化率进行评价。计算电缆化率。

电缆化率（%）=电缆长度/线路总长度×100%

（6）10（20）kV 线路小截面导线占比

对10（20）kV 线路70 mm^2 及以下小截面导线占比进行评价。计算小截面导线占比情况。

小截面导线占比（%）=小截面导线长度/线路总长度×100%

15.2.4.2　项目经济效益评价

项目经济效益评价是分析在项目前期所做的经济方面的可行性研究工作和确定的财务目标是否准确合理，预期财务收益、财务成果是否脱离实际，经济、财务评价结论意见是否在决策时期起到重要指导参考作用，等等。项目经济效益评价主要分析指标有内部收益率、净现值和贷款偿还期等反映盈利能力和清偿能力的指标。进行效益评价时，要注意以下几点内容：

（1）项目前评价是预测值，项目后评价则对已经发生的财务详尽流量和经济流量采用实际值，并按统计学原理加以处理，对后评价时点以后的流量做出新的预测。

（2）当财务吸纳进的流量来自财务报表时，对应收而实际未收的债权和货币资金都不可视为现金流入，只有当实际收到时才作为现金流入；同理，应付而实际未付的债务资金不能记为现金流出，只有实际支付时才作为现金流出。必要时，要对实际财务数据做出调整。

（3）实际发生的财务会计数据都含有无价通货膨胀的因素，而通常采用的盈利能力指标是不含通货膨胀水分的。因此，项目或评价采用的财务数据要提出物价上涨的因素，以实现前后的一致性和可比性。

1. 一般规定

经济效益评价主要是对区域配电网的生产能力、盈利能力和成本控制情况进行评价。评价指标计算结果可用于区域配电网之间的横向比较，以及同一区域配电网的逐年纵向比较。各项配电网经济效益指标按实际发生的数据统计，如无法清晰统计，可根据被评价的配电网范围确定其费用统计范围，按照电网固定资产分摊的方式估算配电网评价期各项评价指标。

2. 生产能力评价

评价指标为边际投资输配电量。边际投资输配电量指配电网工程评价年边际投资产生的输配电量，反映评价年投资对于增供电量的贡献。

边际投资输配电量（kWh/元）=配电网输配电量增量/配电网输配电量增量对应的完成投资

配电网输配电量增量 = 评价年配电网输配电量 - 评价年前一年配电网输配电量

当边际投资输配电量小于0时，对其产生的原因进行分析。

3. 盈利能力评价

（1）配电网息税前利润

配电网息税前利润是反映配电网投资盈利能力的指标之一。配电网息税前利润越高，说明盈利能力越强。

配电网息税前利润按实际发生的数据计取，若无法计取，可根据被评价的配电网范围确定其费用统计范围，按照电网固定资产分摊的方式估算。

（2）配电网总投资收益率

配电网总投资收益率指配电网息税前利润占配电网完成投资的百分比。配电网总投资收益率越高，说明配电网投资盈利能力越强。

配电网总投资收益率（%）= 配电网息税前利润/配电网完成投资 ×100%

4. 运营成本控制评价

（1）配电网总成本费用

配电网总成本费用是指维持配电网正常运行的成本费用。

配电网总成本费用（万元）= 运行维护费 + 折旧费 + 摊销费 + 管理费用 + 财务费用

其中，运行维护费包括外购原材料费、工资及福利费、修理费和其他费用等。

各项成本费用按实际发生的数据计取，若无法计取，可根据被评价的配电网范围确定其费用统计范围，按照电网固定资产分摊的方式估算。

（2）单位输配电量成本费用

单位输配电量成本费用反映了配电网工程单位输配电量的成本费用控制能力。

单位输配电量成本费用（元/kWh）= 配电网总成本费用/配电网输配电量

（3）单位资产运行维护费比率

单位资产运行维护费比率反映配电网工程运行维护费用占工程固定资产的比例情况。

单位资产运行维护费比率（%）= 配电网工程运行维护费/配电网工程固定资产原值 ×100%

配电网工程运行维护费按实际发生的数据计取，若无法计取，可根据被评价的配电网范围确定其费用统计范围，按照电网固定资产分摊的方式估算。

15.2.5　项目环境和社会影响评价

项目影响后评价内容包括经济影响、环境影响和社会影响三个方面：

（1）经济影响后评价。主要分析评价项目对所在地区、所属企业和国家所产生的经济方面的影响。经济影响评价要注意与项目效益评价中的经济分析区别开来。评价内容主要包括分析、就业、资源成本、技术进步等。由于经济影响评价的部分因素难以量化，一般只能做定性分析，一些国家和组织把这部分内容并入社会影响评价的范畴。

（2）环境影响后评价。对照项目前期评价时批准的《环境影响评价》，重新审定项目环境影响的实际结果，审核项目环境管理的决策、规定、规范、参数的可靠性和实际效果。项目环境影响后评价一般包括项目的污染控制、地区环境质量、自然资源利用和保护、区域生态平衡和环境管理等方面。

（3）社会影响后评价。从社会发展的观点来看，项目的社会影响评价是对项目社会发展方面的贡献和公民参与度的效益的一种分析。重点评价项目对所在地区和社区的影响。社会影响评价一般包括贫困、平等、参与等内容。

15.2.5.1 环境影响评价

1. 环境保护评价

总结配电网项目工程施工期间的环境保护措施。按政府要求评价项目工程是否符合国务院令第253号及相关文件要求，并明确工程是否通过环境保护主管部门验收，是否符合总局令第13号规定。评价项目环境保护措施落实情况及实施效果。

2. 节能减排评价

计算项目建设地区的电能替代和清洁能源送出/并网工程的节约标煤量。分析项目建设对电能替代和消纳清洁能源的影响，评价项目的节能减排效益。

电能替代工程节约标煤（t）=电能替代项目替代电量×折标煤系数

清洁能源送出/并网工程节约标煤（t）=清洁能源送出/并网工程新能源发电量×折标煤系数

15.2.5.2 社会影响评价

1. 对区域经济社会发展的影响

评价项目对所在地区、行业经济社会发展的作用和影响。通过计算GDP贡献、拉动就业人数、用电质量提升、人均用电量增长等指标，介绍相关投资带动地区产业和特色经济发展、服务乡村振兴战略、促进城镇化和城乡基本公共服务均等化、加快精准扶贫、惠及人口和农田面积等情况，分析项目对当地经济拉动的作用和影响。

GDP贡献值=配电网年度完成投资/评价区域年度GDP增量

拉动就业人数（人）=配电网年度完成投资×单位投资拉动就业人数

2. 对用户服务质量的影响

评价项目对用户服务质量的影响。从户均配变容量、用户平均停电时间、综合电压合格率、低电压用户占比、高可靠供电、保障重大活动用电、用户投诉率/投诉次数等方面，分析项目对供电可靠性和电能质量的影响及原因。

低电压用户占比（%）=低电压用户户数/低压居民用户数×100%

3. 利益相关方的效益评价

（1）对政府税收影响

根据工程结算报告及财务决算报告，统计工程建设期公司的税收费用，并估算工程运营期公司主要承担的税费。评价项目对增加政府税收的作用。

（2）上下游企业效益

可对项目设备供应商、设计、施工及监理等上下游企业的增收效益进行评价。对于新能源送出工程，可计算新能源企业增收。

15.2.6　项目可持续性评价

项目可持续性是指在项目的建设资金投入完成之后，项目目标是否还能继续。项目是否可以持续地发展下去，以及接受投资的项目业主是否愿意并能依靠自己的力量继续实现既定目标。项目可持续性的影响因素一般包括本国政府的政策，管理、组织和地方参与，财务因素，技术因素，文化因素，环境和生态因素等。

1. 政策市场适应性评价

从政策环境（电价政策、产业政策、经济形势）、市场变化及趋势（负荷变化及趋势、市场占有率）等方面综合分析评价政策市场对项目可持续能力的影响。

2. 管理适应性评价

总结项目实施过程中管理方面的经验，评价其对项目可持续能力的影响。

15.2.7　项目后评价结论

1. 项目成功度评价

使用成功度法，根据项目在产出、成本、时间进度、运行效果上对原定目标的实现程度、获得的经济效益、对经济社会发展的影响等，综合评价项目的成功度。按照项目综合评价是良好、较好、一般还是较差，将项目的成功度分为成功、基本成功、部分成功、不成功4个等级。

2. 主要结论

根据配电网项目全过程评价内容，从规划（决策）目标的实现程度、“四控”目标的实现程度、项目效果效益和可持续性等方面提炼项目的主要结论，结合项目特点，总结成功经验。

3. 存在问题及对策建议

结合各地区特点总结梳理配电网项目在规划、可研、设计、建设、运行全过程中存在的问题，挖掘背后深层次原因，提出具有较强针对性和操作性的对策建议。

参考文献

[1] 中华人民共和国建设部. 建设工程质量管理条例 [A]. 中华人民共和国国务院令第279号.

[2] 中华人民共和国建设部. 建设工程项目管理试行办法 [A]. 建市〔2004〕200号.

[3] 郭汉订, 刘应宗. 论建设工程质量政府监督机构改革 [J]. 建筑, 2002, 1: 15－17.

[4] 邱菀华. 现代项目管理导论 [M]. 北京: 机械工业出版社, 2005: 75－108.

[5] 全国建设工程质量监督工程师培训教材编写委. 工程质量监督概论 [M]. 北京: 中国建筑工业出版社. 2001: 25－27.

[6] 韩克亮. 浅谈建设工程质量监督的改革 [J]. 沈阳建筑大学学报 (社会科学版), 2005, 7 (2): 110－111.

[7] 李拥军. 论监理对工程质量的监督管理 [J]. 建设监理, 2002, 5.

[8] 郭舰. 对工程质量监督方式的一些思考 [J]. 重庆建筑, 2005, 7.

[9] 中华人民共和国建设部. 关于培育发展工程总承包和工程项目管理企业的指导意见 [A]. 建市〔2003〕30号.

[10] 中国工程咨询协会. 工程咨询成果质量评价办法 [A]. 协办字〔2000〕09号.

[11] 王世军. 浅析建设监理与质量监督的区别 [J]. 吉林水利, 2003, 7.

[12] 中华人民共和国建设部. 建设工程勘察质量管理办法 [A]. 建设部令第163号.

[13] 杰克·梅瑞迪斯, 小塞缪尔·曼特尔. 项目管理——管理新视角 [M]. 北京: 电子工业出版社, 2002.

[14] 全国建筑施工企业项目经理培训教材编写委员会. 施工组织设计与进度管理 [M]. 北京: 中国建筑出版社, 2001: 24－25.

[15] 刘仕祥. 电力工程建设项目管理 [J]. 工程管理, 2008, 28: 114.

[16] 陈扬. 电力工程质量管理研究 [J]. 质量管理, 2008, 2: 26－28.

[17] 高士法. 搞好山西电力质监工作的途径 [J]. 山西煤炭管理干部学报, 2007: 37－38.

[18] 国家电监会. 电力建设安全生产监督管理办法 [A]. 电监安全〔2007〕38号.

[19] 国家电力公司工程建设监理管理办法 [A]. 电力设备, 2000, 1: 53－56.

[20] 郑海村. 几种电力建设管理模式的比较分析 [J]. 电力工程咨询, 2007, 6: 26－29.

[21] 王志坚. 基层供电企业强化电力基建工程管理的思考 [J]. 云南电业, 2008, 12: 43－44.

[22] 国务院. 关于投资体制改革的决定 [A]. 国发〔2004〕20号.

[23] 肖庆来. 应用 PMC 项目管理模式的理论和实践 [J]. 项目管理, 2002 (4).
[24] 胡德银. 论建立工程项目管理体系 [J]. 建筑经济, 2003 (6).
[25] 付建华. PMC 管理模式研究 [D/OL]. 武汉: 武汉理工大学, 2004 [2020-06-05] http: //www. wanfangdata. com. cn/details/detail. do? _ type=degree&id=Y674321.
[26] 成如刚, 李兴怀. 委托工程管理公司进行全过程项目管理的优势分析 [J]. 黄冈职业技术学院学报. 2005 (3).
[27] 中华人民共和国建设部. 建设工程项目管理试行办法 [A]. 建市〔2004〕200 号.
[28] 中华人民共和国建设部, 国家质量监督检验检疫总局. 建设工程项目管理规范: GB/T 50326-2005 [S/OL] [2020-06-05]. https: //wenku. baidu. com/view/c5ef7caa178884868762caaedd3383c4ba4cb49b. html.
[29] 黄木林. 工程咨询业现状及问题的比较研究 [J]. 中国工程咨询, 2004 (9).
[30] 金德明, 郑丕谔. 工程咨询企业向项目管理企业转型的探讨 [J]. 地质大学学报, 2005 (3).
[31] 金桂淑. 国内外工程咨询业的比较 [J]. 林业建设, 2005 (2).
[32] 胡毅, 曹吉鸣. 国际工程咨询公司项目管理环境研究及对策分析 [J]. 建筑经济, 2005 (2).
[33] 郑宁, 黄聪. 英国的工程咨询外包市场 [J]. 建筑经济, 2005 (1).
[34] 戚建新, 赫成光. 综合性工程咨询单位进入市场面临的问题及对策 [J]. 中国工程咨询, 2005 (3).
[35] 高峰. 项目委托管理: 政府管理建设项目的新模式 [J]. 湘潭大学学报, 2004 (7).
[36] 乌云娜, 吴志功. 项目管理策划 [M]. 北京: 电子工业出版社, 2006.
[37] 乌云娜, 庞南生, 陈文君. 关于政府投资项目管理的思考 [J]. 建筑经济, 2004 (7).
[38] 罗伯特·K. 威索基, 拉德·麦加里. 有效德项目管理 [M]. 费琳, 李盛萍等译, 北京: 电子工业出版社, 2004.
[39] 杨旭中, 张政治. 电力工程项目管理 [M]. 北京: 中国电力出版社, 2002.
[40] 贾广社. 项目总控-建设工程的新型管理方式 [M]. 上海: 同济大学出版社, 2003 (1).
[41] LOW Suipheng, Jiang HongBin. Internationlization of Chinese Construction Enterprise [J]. Joumal of Construction Engineering and Management, 2003, 129 (6).
[42] BRIAN M. KILLINGS B, HUGHES C. Issues Related to Use of Contractor Quality Control Data in Acceptance Decision and Payment: Benefitd and Pitfalls [J]. Journal of the Transportation Research Board, 2002, 1813 (1): 247-252.
[43] ST MARTIN J, HARVEY JT, LONG F, etc. Long-Life Rehabilitation Design and Construction: I-710 Freeway, Long Beach, California [J]. Transportation Research Circular, 2001, 3 (1).
[44] Russell J P. Quality Management Benchmark Assessment [M]. Milwaukee. Wisc: ASQC Quality Press. 1995.
[45] HARRINGTOR H J. Total Improvement Management [M]. New YORK: McGraw-Hill,

1995.

[46] Project Management Institute. A guide to the Project Management Body of Knowledge [M]. Newtown Sqvare PA: Project Management Institute, 2000.

[47] KILMER R L, IUDIN I S. Reducing Project Risk [M]. New York: Astronautic Publishing House, 2001.

[48] KOEHN E, AHMMED M. Quality of Building Construction Materials Cement in Developing Countries [J]. Journal of Architectural Engineering, 2001, 7 (2): 44.

[49] 杨晶，马晓涵. 电力企业配电网工程项目风险管理研究 [J]. 南方农机，2019，50 (22): 244.

[50] 郑大巧. 配电网工程合同管理存在的风险及解决措施 [J]. 南方农机，2019，50 (21): 282.

[51] 朱育才. 电力建设施工与技术管理工作指南 [M]. 北京：中国水利水电出版社，2005: 148 - 166.

[52] 毛鹤琴. 建设项目质量控制 [M]. 北京：地震出版社，1993: 71 - 86.

[53] 丁士昭，等. 建设工程施工管理 [M]. 北京：中国建筑工业出版社，2004: 88 - 108.

[54] 丰景春. 建设项目质量控制 [M]. 北京：中国水利水电出版社，1994: 25 - 37.

[55] 张良城. 建设项目质量控制 [M]. 北京：中国水利水电出版社，1998: 63 - 72.

[56] 王淑君. 生产过程质量控制 [M]. 北京：中国标准出版社，1997: 32 - 37.

[57] 张月娴. 建设项目业主管理手册 [M]. 北京：中国水利水电出版社，1997: 56 - 61.

[58] 张岳东. 施工经营管理手册 [M]. 北京：中国建筑出版社，1998: 20 - 35.

[59] 丁士昭. 建设工程项目管理 [M]. 北京：中国建筑工业出版社，1987: 46 - 53.

[60] 干志坚. 工程建设项目管理 [M]. 天津：天津大学出版社，1988: 15 - 34.

[61] 董昕. 电力企业管理信息系统的建设探讨 [J]. 中国电力，1999，32 (1): 56 - 59.

[62] 姜旭平. 信息系统开发方法 [M]. 北京：清华大学出版社，1997: 8 - 14.

[63] 雷光复. 信息系统与计算机辅助管理 [M]. 北京：清华大学出版社，1997: 25 - 27.

[64] 黄梯云. 管理信息系统导论 [M]. 北京：机械工业出版社，1993: 32 - 39.

[65] 张声. 浅谈工程项目的成本管理 [J]. 山西建筑，2005，(31) 3: 157 - 158.

[66] 王伟. 电网建设项目造价在设计阶段的有效控制 [J]. 西北电力技术，2004，2: 63 - 65.

[67] 徐国华，赵平. 管理学 [M]. 北京：清华大学出版社，1997: 32 - 35.

[68] 阎文周. 工程项目管理实务手册 [M]. 北京：中国建筑工业出版社，2001: 24 - 28.

[69] 刘伊生. 建设项目信息管理 [M]. 北京：中国计量出版社，1998: 5 - 12.

[70] 褚树起. 钢筋混凝土钻孔灌注桩的工程质量控制 [D/OL]. 天津：河北工业大学，2003 [2019 - 12 - 15]. https://xueshu.baidu.com/usercenter/paper/show?paperid=0f1d14d45379abe7f171a7dcef4e4194&site=xueshu_se.

[71] 刘永强. 水利水电工程质量控制及其信息系统研究 [D/OL]. 南京：河海大学，2001 [2019 - 10 - 15]. https://xueshu.baidu.com/usercenter/paper/show?paper-

id = a74ddfea3da861ecc406595382702036&site = xueshu_ se.

[72] 雷胜强，许文凯. 工程承包发包实用手册［M］. 北京：中国建筑工业出版社，1999：148－157.

[73] 阎孟昆，等. 电力工程用电缆的到货检验［J］. 广东电缆技术，2005，2：18－20

[74] 卢有杰. 建筑系统工程［M］. 北京：清华大学出版社，1997：17－26.

[75] 孟宪海. 施工合同文件工程价款支付条款对比分析［J］. 建筑经济，2001，6：44－46.

[76] 毛致林，王宽城. 电力技经人员实用手册［M］. 北京：中国电力出版社，2000：18－19.

[77] 曲修山，黄文杰. 工程建设合同管理［M］. 北京：知识产权出版社，2002：133－134.

[78] 全国造价工程师执业资格考试培训教材编写委员会［M］. 工程造价的确定与控制. 北京：中国计划出版社，2002：219.

[79] 中国建设监理协会. 建设工程信息管理［M］. 北京：中国建筑工业出版社，2003：6.

[80] 任玉峰. 建筑工程概预算与投标报价［M］. 北京：中国建筑工业出版社，1992.

[81] 投资项目可行性研究指南编写组. 投资项目可行性研究指南［M］. 北京：中国电力出版社，2002.

[82] 王雪青. 国际工程项目管理［M］. 北京：中国建筑工业出版社，2000.

[83] 王亚星. 电气安装工程预算编审指南［M］. 北京：中国水利水电出版社，2001：67.

[84] 徐大图. 工程造价管理［M］. 北京：机械工业出版社，1990.

[85] 杨旭中. 电力工程造价控制［M］. 北京：中国电力出版社，1999：186－187.

[86] 杨晓林，许程洁，冉立平. 造价工程师实用手册［M］. 哈尔滨：黑龙江科学技术出版社，2000：191－192.

[87] 尹贻林. 工程造价管理相关知识［M］. 北京：中国计划出版社，1997.

[88] 尹贻林，何红锋. 工程合同管理［M］. 北京：中国人民大学出版社，1999.